基礎物理定数[*]

物理量	記号	値		単位
真空中の光速度	c	2.99792458	$\times 10^{8}$	m s^{-1}　(定義値)
真空中の誘電率	ε_0	$10^{-9}/36\pi$		C^2 N^{-1} m^{-2}
		8.85419	$\times 10^{-12}$	C^2 N^{-1} m^{-2}
真空中の透磁率	μ_0	4π	$\times 10^{7}$	N s^2 C^{-2}
Planck 定数	h	$6.6260755(40)$	$\times 10^{-34}$	J s
素電荷	e	$1.60217733(49)$	$\times 10^{-19}$	C
電子の質量	m_e	$9.1093897(54)$	$\times 10^{-31}$	kg
陽子の質量	m_p	$1.6726231(10)$	$\times 10^{-27}$	kg
中性子の質量	m_n	$1.6749286(10)$	$\times 10^{-27}$	kg
Bohr半径	a_0	$5.29177249(24)$	$\times 10^{-11}$	m
Avogadro数	N_A	$6.0221367(36)$	$\times 10^{23}$	mol^{-1}
Boltzmann 定数	k_B	$1.380658(12)$	$\times 10^{-23}$	J K^{-1}
気体定数	R	$8.314510(70)$		J mol^{-1} K^{-1}
Faraday 定数	F	$9.648456(29)$	$\times 10^{4}$	C mol^{-1}

＊：CODATA 1986，（　）内は標準誤差．

ニューテック◎化学シリーズ

化学の扉

丸山一典　西野純一　天野　力
松原　浩　山田明文　小林高臣
著

朝倉書店

執 筆 者

―――――――――――――――――――――――――――――――
〔代表者〕
丸山　一典　　長岡技術科学大学化学系・助教授　〔2, 3章〕

＊

西野　純一　　長岡技術科学大学化学系・助手　〔1章〕
天野　力　　　神奈川大学理学部化学科・教授　〔2章〕
松原　浩　　　長岡技術科学大学分析計測センター・助教授　〔4章〕
山田　明文　　長岡技術科学大学化学系・教授　〔5章〕
小林　高臣　　長岡技術科学大学化学系・助教授　〔6章〕
―――――――――――――――――――――――――――――――

（執筆順）

序

　21世紀は、炭酸ガスの排出、原子力発電所の寿命にともなう核廃棄物の処理、オゾンホールの脅威、生活環境から排出される合成化学物質、といった人類の存続に関わる環境汚染や、石油、石炭、ウランなどの資源の枯渇、といった問題に直面しなければならない時代である。化学という学問は、これらの問題を理解するための知識と正しい判断力を身に付ける学問であるといっても過言ではない。すべての学生諸君が以上のような化学の意義を認識して積極的に化学を勉強しようとした場合、初心者であればあるほど根本原理に触れるような難しい疑問を持つことが多いと思われる。本教科書は、このような熱心な初学者が持つであろう素朴ともいえる疑問に、できるかぎり対処し、しかも無味乾燥な暗記物に終わらないような一般化学の教科書を作成するという執筆方針で書かれた。学問的な疑問はどこまでいっても尽きるということはないが、本書ではできるかぎりそれらの疑問に答えるために多くの注釈を設けた。したがって、平易な入門書でありながら、化学の基礎知識を覚えるのではなく、理解して修得できるように配慮したつもりである。

　化学という学問の特徴は、非常に小さい粒子（分子）の動きや働きとして、現象変化を捉える学問である。そこで、第1章では物質を構成する分子や原子の構造や性質について記述した。科学情報を他人に伝達するには、表記法（単位や化合物の名前）が統一されていることが必要である。そこで、第2章では国際的に使われているSI標準単位について記述した。中でも、化学で最も重要な単位であるモル（物質の量を示す）の概念について詳述した。第3章では身近な化合物の名前とそれらの社会における利用について記述した。第4章では主として物質の物理的な性質について記述し、第5章では化学反応、特に、われわれに馴染み深い酸と塩基の反応について記述した。第6章では化学反応の速度や、化学反応の進む方向を決める熱力学について記述した。最後に将来のエネルギー問題について、化学の立場からどのような貢献ができるかについて記述した。各章の執筆担当者が独自の創意工夫をこらして執筆したため、全体の統一性が完全にとれているわけではないが、学習を進めるためには障害にならないものと信じている。

　本教科書は理工系大学の学部低学年の学生を対象としてはいるが、未来の社会を考えるための文科系一般理工教育の教科書としても十分に利用可能であると思っている。これからの環境やエネルギー問題を解決していくためには、まず一人一人が基本的な化学の知識を持つ必要がある、というのが執筆者の思いである。

　2000年3月

執筆者代表　丸　山　一　典

目 次

1. 物質を細かく切り刻んでいくと？ ……………………………………………… 1
- 1.1 元素と原子 …………………… 1
  - 1.1.1 基本粒子 ………………… 1
  - 1.1.2 質量数 …………………… 3
  - 1.1.3 同位体 …………………… 3
  - 1.1.4 原子量と統一原子質量単位の変遷 … 4
  - 1.1.5 分子量 …………………… 5
  - 1.1.6 式量（化学式量） ………… 5
  - 1.1.7 原子の電子構造 …………… 6
  - 1.1.8 パウリの排他原理 ………… 9
  - 1.1.9 構成原理 …………………… 10
- 1.2 化学結合と分子の形—イオン結合，共有結合 …………………………… 10
  - 1.2.1 ルイス記号 ………………… 13
  - 1.2.2 イオン結合 ………………… 13
  - 1.2.3 共有結合 …………………… 14
  - 1.2.4 金属結合 …………………… 16
  - 1.2.5 電気陰性度 ………………… 16
  - 1.2.6 酸化数 ……………………… 17
  - 1.2.7 配位結合 …………………… 17
  - 1.2.8 水素結合 …………………… 19
- 1.3 化学的な性質 ………………… 19
  - 1.3.1 原子の大きさ ……………… 19
  - 1.3.2 イオン化エネルギー ……… 19
  - 1.3.3 電子親和力 ………………… 20
- 1.4 元素のグループ分けと周期表 … 20
  - 1.4.1 元素のグループ分け ……… 20
  - 1.4.2 周期表 ……………………… 21

2. 化学で使う全世界共通の言葉 その1—単位の世界 ……………………… 24
- 2.1 有効数字 ……………………… 24
- 2.2 SI単位 ………………………… 25
  - 2.2.1 7つの基本単位 …………… 25
  - 2.2.2 温度 ………………………… 27
  - 2.2.3 エネルギーの単位 ………… 28
- 2.3 モル …………………………… 29
  - 2.3.1 物質量とモル ……………… 29
  - 2.3.2 モル質量 …………………… 31
- 2.4 濃度 …………………………… 32
  - 2.4.1 質量パーセント濃度 ……… 32
  - 2.4.2 モル濃度 …………………… 33
  - 2.4.3 質量モル濃度 ……………… 35
  - 2.4.4 モル分率 …………………… 35
  - 2.4.5 体積パーセント濃度 ……… 36

3. 化学で使う全世界共通の言葉 その2—化合物の命名法と身近な化合物 … 38
- 3.1 無機化合物 …………………… 38
  - 3.1.1 イオン性化合物 …………… 38
  - 3.1.2 多原子イオンを含むイオン性化合物 … 40
  - 3.1.3 分子性化合物 ……………… 42
  - 3.1.4 無機化合物と無機工業化学 … 43
- 3.2 有機化合物 …………………… 49
  - 3.2.1 炭化水素 …………………… 49
  - 3.2.2 アルコール ………………… 54
  - 3.2.3 アルデヒド ………………… 56
  - 3.2.4 ケトン ……………………… 57
  - 3.2.5 カルボン酸（有機酸）とその誘導体および置換体 …………………… 58
  - 3.2.6 エーテル …………………… 59

3.2.7　アミン ································ 60

4. 物質の状態 ··· 61

　4.1　物質の三態 ···························· 61
　　　4.1.1　分子の熱運動 ················ 61
　　　4.1.2　物質の状態図 ················ 62
　4.2　気体の性質 ···························· 64
　　　4.2.1　ボイル-シャルルの法則 ··· 65
　　　4.2.2　気体の状態方程式 ········· 65
　　　4.2.3　アボガドロの法則 ·········· 67
　　　4.2.4　分圧の法則 ···················· 67
　　　4.2.5　理想気体と実在気体 ······ 68
　4.3　液体の性質 ···························· 70
　　　4.3.1　蒸気圧 ··························· 70
　　　4.3.2　粘度と表面張力 ············· 70
　4.4　固体の性質 ···························· 71
　　　4.4.1　結晶とアモルファス ······· 71
　　　4.4.2　固溶体 ··························· 76
　4.5　溶解と溶液 ···························· 76
　　　4.5.1　溶解 ······························ 76
　　　4.5.2　希薄溶液の性質 ············· 77
　4.6　液晶とコロイド ····················· 79
　　　4.6.1　液晶 ······························ 79
　　　4.6.2　コロイド ······················· 80

5. 物質の化学反応 ·· 83

　5.1　化学反応と平衡 ····················· 83
　　　5.1.1　化学平衡 ······················· 83
　　　5.1.2　平衡定数の表し方 ········· 85
　　　5.1.3　ル・シャトリエの原理 ··· 86
　　　5.1.4　難溶性塩とイオンの平衡 ··· 87
　5.2　酸と塩基の反応 ····················· 88
　　　5.2.1　酸・塩基の概念 ············· 88
　　　5.2.2　酸と塩基の強さ ············· 90
　　　5.2.3　中和反応と加水分解 ······ 91
　　　5.2.4　水素イオン濃度とpH ···· 91
　　　5.2.5　弱酸, 強塩基の解離 ······· 93
　　　5.2.6　緩衝液 ··························· 94
　　　5.2.7　pHの測定 ······················ 95
　5.3　酸化反応と還元反応 ··············· 97
　　　5.3.1　酸化と還元 ···················· 97
　　　5.3.2　酸化剤と還元剤 ············· 98
　　　5.3.3　酸化還元反応をバランスさせるには ························· 99
　　　5.3.4　ガルバニ電池 ·············· 101
　　　5.3.5　標準電極電位 ·············· 103
　　　5.3.6　電気分解とファラデーの法則 ·································· 104

6. 化学反応とエネルギー ··· 107

　6.1　エネルギー ·························· 107
　　　6.1.1　エネルギーの種類 ······· 107
　　　6.1.2　分子のエネルギー ······· 107
　　　6.1.3　化学エネルギーと熱力学第一法則 ························· 109
　6.2　化学反応の起こり方 ············· 110
　　　6.2.1　結合エネルギーと反応熱 ··· 112
　　　6.2.2　反応エネルギーと反応経路 ·· 113
　6.3　化学反応の起こり方と反応速度 ·· 114
　　　6.3.1　解離エネルギーと結合エネルギーの関係 ····················· 114
　　　6.3.2　反応の速さを考える ···· 116
　　　6.3.3　エントロピーと熱力学第二法則 ······························ 117
　　　6.3.4　反応の進む方向と平衡 ··· 119
　　　6.3.5　反応に及ぼす温度の影響 ··· 121
　6.4　電磁気エネルギー ················ 124
　　　6.4.1　光と電磁波 ·················· 124

   6.4.2　光で分子にエネルギーを与える
　　　　………………………………… 126
  6.5　核エネルギー ………………… 130
  6.6　明日のエネルギー …………… 133
   6.6.1　化石燃料と代替エネルギー ‥133

   6.6.2　石油に代わる光エネルギーの利用
　　　　………………………………… 134
   6.6.3　燃料電池 ………………… 135
   6.6.4　核融合エネルギー ……… 135
   6.6.5　自然を利用するエネルギー ‥136

参 考 文 献 …………………………………………………………………… 138
索　　　引 …………………………………………………………………… 139

1 物質を細かく切り刻んでいくと？

「物質を細分化していくと，それ以上分割できない**基本粒子**，すなわち，**原子**（atom）がある．」このアトミズムの考えはギリシャの哲学者に由来する．実際，物質は途方もない数の基本粒子が結合してできている．現在では，走査型プローブ顕微鏡でこの粒子を見ることができる（図1.1）．化学という学問では，石鹸により汚れが落ちる，金属が錆びる，物が染まる，ダイオキシンなどが毒として作用する，といった現象変化や作用を，非常に小さい基本粒子の動きや働きとして捉えることが特徴である．これらの基本粒子にはどんなものがあり，それらはどのようにして結合しているのだろうか？

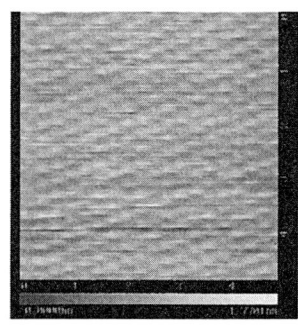

図 1.1 グラファイトのSTM像
畳の表面のように見えるが，色の薄いところが炭素原子の中心である．

1.1 元素と原子

1.1.1 基本粒子

図1.2は，現在考えられている物質の**階層構造**（図1.3）について，水を例にとって図示している．水滴は水分子の集合体である．1つの水分子（H_2O）は，中心原子の酸素原子（O）1つと2つの水素原子（H）からなっている．水素原子（H）は正の電荷を持つ**陽子**（proton）と，負の電荷を持つ**電子**（electron）から成り立っている．**水素**（重水素や三重水素を除く）の原子核は陽子1つからなるが，それ以外の原子の原子核は陽子と電荷を持たない**中性子**（neutron）の結合体である．さらにそれが**クォーク**（quark）という構成要素からできているとするのが**クォーク模型**である．ここまでいくと素粒子物理学の領域に入ってしまう．そして，その真理の先端はいつもぼやけているのである．それゆえに，いまなお，高エ

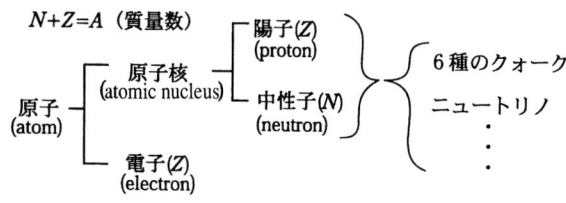

図 1.3 物質の階層構造

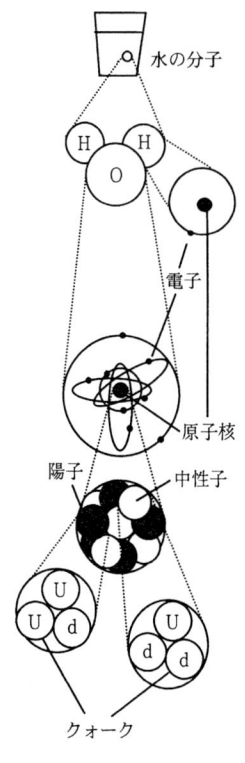

図 1.2 水の階層構造

電子は，1897年にイギリスのJ. J. トムソン（1906年ノーベル物理学賞）によって発見された．
J. J. Thomson: *Phil. Mag.*, **44**, p. 293 (1897).

ネルギーのコライダー（衝突型粒子加速器）を用いて，欧州素粒子物理学研究所やスタンフォード線形加速器センターなどの各地で盛んに研究が行われている．しかし，基本粒子の座を譲ったとはいえ，原子は依然として物質の構成要素の最小単位であることに変わりはない．したがって，化学では主に電子に関わる事象を考えるので，原子の陽子，電子，中性子の3つの構成粒子に関心を持つことにする．原子の中における構成粒子の分布状態のことを**原子構造** (atomic structure) とよぶ．また，原子核の中に存在する陽子の数を**原子番号** (atomic number) とよぶ．また，電気的に中性な原子中の電子の数は，その原子核中にある陽子の数に等しい．電子の数が陽子の数より多いとき原子は負に帯電している．これを**陰イオン** (anion) という．電子の数が原子核中の陽子の数より少ないときは，正に帯電しており，これを**陽イオン** (cation) という．

神岡におけるニュートリノの検出

ニュートリノ：
原子核のβ崩壊時に発生する謎の粒子．

ニュートリノは，1930年代にフェルミ (E. Fermi) が原子核反応においてもエネルギー保存原理を成り立たせるために存在を仮定した粒子で，ライネス (F. Reines) とコーワン2世 (C. Cowan) が1956年6月14日にニュートリノの存在を観測することに成功した．この功績によりライネスは1995年のノーベル物理学賞を受賞した．あらゆる物質を通り抜けてしまう，謎の素粒子「ニュートリノ (neutrino)」が質量を持つことを確認するための実験装置が，1998年11月に文部省の高エネルギー加速器研究機構（茨城県つくば市）でほぼ完成した．直径11 m，高さ12 mの円筒形タンク内に，ニュートリノが水中を通るときに出るチェレンコフ光を捕捉する光電子増倍管が計680個取り付けられている．加速器で発生させたニュートリノを，この実験装置を通過させて測定したうえで，約250 km離れた岐阜県の神岡鉱山の地下にある，直径39 m，高さ41 mの円筒形タンクに約5万tの純水を貯めて約1万本の光電子増倍管で覆われている巨大なニュートリノ検出装置スーパーカミオカンデに打ち込み，その変化を観測する．そして1999年6月19日，ニュートリノの発射から0.00083秒後，スーパーカミオカンデの純水の発したかすかな光を光電子増倍管が捉えた．

チェレンコフ光：
屈折率nの媒体中を価電粒子が光速 (c/n) よりも速く進むとき放射される光（電磁波）．

ニュートリノに質量が無いと宇宙の質量はビッグバン以降の宇宙の膨張を止めるだけの万有引力を持たないことになる．

元素の種類

現在知られている**元素**（同一の原子番号を有する原子の総称；element）は112種類存在する（1999年現在，新聞紙上では118番の元素の合成の記事が掲載されている）．そのうちの，およそ92種類が自然界に存在する．そのほか，プルトニウム (Pu) などの93番目以上の元素は人工的に作られたもので，しばしば，**超ウラン元素**とよばれる．裏見返しに元素の元素記号とその名称を示す．

1.1.2 質量数

原子1個の質量は，その原子の，すべての構成粒子（陽子，中性子，電子）の質量の和である．原子を構成する陽子1個の質量は 1.673×10^{-27} kg，中性子1個の質量は 1.675×10^{-27} kg である．この両者の質量はほぼ同じであるが，電子1個の質量は 9.109×10^{-31} kg で，陽子や中性子の質量の約 1/1837 である．したがって，陽子や中性子と比較して，電子の質量は無視できるほど小さい．また，原子の質量は原子核に集中しているため，原子核の質量はその原子の質量にほぼ等しいといえる．それゆえに，原子の質量を原子核の質量で代表させる．また，陽子1個と中性子1個の質量がほぼ同じであることから，陽子数と中性子数の和を**質量数**（mass number） A といい，原子の質量を示す指標としている．例えば，陽子1個と電子1個からなる水素原子の質量数 A は，

$$\text{質量数 } A = \text{陽子の数} + \text{中性子の数} = 1 + 0 = 1$$

である．また，陽子6個と中性子6個からなる炭素原子の質量数 A は

$$\text{質量数 } A = 6 + 6 = 12$$

となる．なお，質量数は単位のない無名数である．

1.1.3 同位体

同一の原子番号（同一陽子数）で中性子の数のみが異なる原子は，質量数は異なるが，化学的には同様な性質を示す．これらを互いに，**同位体**（isotope）という．ほとんどの元素は自然界において同位体の混合物として存在する．元素の特定の同位体は**原子番号** Z と**質量数** A を特定することで決定できる．前出のように質量数 A は，原子の陽子と中性子の和であるから，原子核中に存在する中性子の数は $A-Z$ で求められる．原子の質量数 A を上付き文字，原子番号 Z を下付き文字で，元素記号 X の前にそれぞれ書い

水素の同位体

^1_1H：ほかの同位体の水素と区別するため軽水素ともよばれる．

^2_1H：重水素とよばれ，これを deuterium の頭文字をとって D と書くことがある．海水中に 0.015% 程度含まれている．重水素は水の形 D_2O（重水，これに対して普通の水は軽水という）として原子炉で使われている．これは，重水の方が中性子の吸収が少ないためである．また，水を電解すると D^+ よりも H^+ の方が還元されやすいため，水溶液側では重水の割合が高まってくる．これを電解分離という．

^3_1H：三重水素とよばれ，tritium の頭文字をとって T と書くことがある．弱い β-放射性で，半減期は 12.33 年．地球の大気の高層にある窒素ガスに宇宙線が衝突して炭素とともに生成する．

重水の話：

同じ水であっても重水は生物にとって有害な作用を持っている．ネズミなどの高等動物は 10% 程度の重水濃度の水を飲むと死んでしまう．重水と軽水との最大の違いは，D_2O では沸点 101.42°C，融点 3.82°C であり，軽水（H_2O）のそれらより少し高いことからわかるように，水素結合が軽水よりも強いことである．

て記号とし，下記のように表現する．

$$^A_Z X$$

同位体には水素 ^1_1H，重水素 ^2_1H，炭素 $^{12}_6C$，$^{13}_6C$ などの原子核が安定なものと，三重水素 ^3_1H，炭素 $^{14}_6C$，ウラン $^{235}_{92}U$，$^{238}_{92}U$ などの原子核が不安定で自然に壊変を起こす**放射性同位体**（RI；radioactive isotope）がある．

例題 1.1 次の原子の持つ陽子，中性子，電子の数はそれぞれいくつか？

$$^1_1H, \ ^2_1H, \ ^{16}_8O, \ ^{17}_8O, \ ^{18}_8O$$

解）^1_1H の場合，原子番号 Z と陽子数は一致するので，陽子の数は 1 であり，$A-Z=1-1=0$ なので，中性子の数は 0 である．イオン化していない中性原子の場合，原子の持つ核外電子の数は原子番号 Z に等しいので電子の数は 1 である．

^2_1H の場合，上記と同様に，原子番号 Z と陽子の数は一致するので，陽子の数は 1 であり，$A-Z=2-1=1$ なので，中性子の数は 1 である．イオン化していない中性原子の場合，原子番号と電子の数は同じなので電子の数は 1 である．

以下同様に処理すると，

$^{16}_8O$ の場合，陽子の数は 8，$16-8=8$ なので中性子の数は 8，そして電子の数は 8．

$^{17}_8O$ の場合，陽子の数は 8，$17-8=9$ なので中性子の数は 9，電子の数は 8．

$^{18}_8O$ の場合，陽子の数は 8，$18-8=10$ なので中性子の数は 10，電子の数は 8．

1.1.4 原子量と統一原子質量単位の変遷

原子の質量は非常に小さいので，相対的な質量単位として，**統一原子質量単位**（記号は u）を用いた方が便利なことが多い．19 世紀までは，元素の中で一番軽い元素である水素の質量を 1.000 としたときの，ほかの原子との質量比で表していたが，酸素化合物が多いとの理由で酸素が基準として選ばれた．すなわち，酸素の質量比に端数がでない方が何かと都合が良いとの判断があったものと思われる．ところが 1929 年に質量の異なる酸素（酸素の同位体）が発見され，自然界に存在する酸素は同位体の混合物であることが分かった．そこで物理学者は $^{16}_8O$ の相対質量を 16.000… として原子量を定義したが，化学者は<u>天然同位体組成の酸素の相対質量を 16.000…</u> とした．この違いは，化学者が実存する酸素の化学反応を取り扱っているという背景の違いを反映しているように見える．しかし，化学と物理学の領域が重なってくるようになると，この違いは望ましくない．そこで，1961 年に化学者と物理学者は協定を結

最近になって，天然の組成が実は微少ではあるが地域的に変動することが明らかになり，原子量の定義から「天然同位体組成の」という文言がなくなった．

んで，陽子，中性子，電子を各6個含む$^{12}_{6}C$の相対質量を12（端数なし）として新しい**統一原子質量単位**（unified atomic mass unit, 記号はu, 1 u＝1.6605×10^{-27} kg）が定められた．また，元素の原子量は$^{12}_{6}C$を12（端数なし）としたときの，相対質量と定義される．したがって，同位体の存在する元素の原子量は，各同位体の加重平均として求められる．原子量もまた，質量数と同様に無名数である．

> **例題 1.2** 高級スポーツカーのホイールや薄型ノートパソコンのボディーの合金に用いられるマグネシウム（Mg）の同位体は3種類存在し，$^{24}_{12}Mg$, $^{25}_{12}Mg$, $^{26}_{12}Mg$の原子量はそれぞれ23.99, 24.99, 25.98で，存在比はそれぞれ78.99%, 10.00%, 11.01%である．Mgの原子量を求めよ．
> **解）** Mgの原子量は各同位体の原子量と存在比の積の和であるから百分率を小数になおして計算すると
>   23.99×0.7899＋24.99×0.1000＋25.98×0.1101
>   ＝24.31

タンパク質のような巨大分子を扱う化学者は，原子質量単位をドルトンとよぶことがある．(1 u＝1 Da)

1.1.5 分子量

物質には，その性質を保持する最小の粒子が存在する．これはいくつかの原子から構成されており**分子**（molecule）とよばれる．Heなどの1個の原子からなる分子を**単原子分子**（monoatomic molecule），O$_2$などの2個の原子からなる分子を**2原子分子**（diatomic molecule），H$_2$Oなどの3個以上の原子からなる分子を**多原子分子**（polyatomic molecule）という．$^{12}_{6}C$を基準とした，分子の相対質量を**分子量**という．分子式がわかれば，分子を構成する原子の種類とその数がわかるので分子量を求めることができる．

また，物質1 mol（モル，次章参照）の質量は分子量に単位gを付け加えることによって得られる．

> **例題 1.3** 水（H$_2$O）の分子量を求めよ．ただし，水素の原子量は1.0，酸素の原子量は16.0とする．
> **解）**
>   水素の原子量×2＋酸素の原子量＝1.0×2＋16.0
>   ＝18.0

1.1.6 式量（化学式量）

塩化ナトリウムなどのイオン性物質や金属は独立した分子という形をとらないので，分子式に代えて**組成式**を用いる．組成式の分子量に相当するものを**式量**（formula weight）とよぶ．式量は分子

量の算出方法と同じく組成式に含まれている原子の原子量の総和を求めればよい．例えば，塩化ナトリウムの結晶中に分子は存在しないが NaCl は組成を示す．したがって Na と Cl の原子量の総和，すなわち

$$22.99 + 35.45 = 58.44$$

が式量である．

1.1.7 原子の電子構造

原子核のまわりを運動している電子は，どのような軌道上を動いているのだろうか？ この問題に関して，1926 年になって，チューリッヒ大学のシュレディンガー（E. Schrödinger）は水素原子中の定在波の研究に数学を適用して**量子力学**（quantum mechanics）とよばれる研究領域の分野を拓いた．ここでの数学は初学者にとって高度なものであるので，これを記述することは完全にやめ，理論の結果だけを述べることにする．

シュレディンガーは**波動方程式**とよばれる数式を解き，電子波の形とエネルギーを記述する波動関数（wave function）とよばれる一連の数学的関数を求めた．これは，「電子が粒子ばかりではなく波の性質を示す」という考えに立脚している．一般に電子の運動が 3 次元であることに対応して，原子軌道を記述する波動関数は，これから述べる**主量子数**，**方位量子数**，**磁気量子数**という 3 つの量子数の値により特徴付けられる．

1) 主量子数 n

1 つの原子内でのエネルギー順位は，主量子数 n で定められる主殻の順に並ぶ．n の値が大きいほど，その殻に属する準位のエネルギーは大きい．また，n の値が大きいほど，電子の原子核からの平均距離は大きく，**原子軌道の大きさは主量子数 n によって決定される**ことがわかる．

$$\text{主量子数 } n = 1, 2, 3, 4, \cdots$$

に対しての英文字での表記は K, L, M, N, … である．例えば $n=1$ の殻は K 殻，$n=2$ の殻は L 殻とよばれる．

2) 方位量子数 l

波動力学から，K，L，M，N などの主殻は，1 つまたはそれ以上の副殻によって構成される．この量子数は電子の軌道の形と，ある程度までのエネルギーを決める．

方位量子数（副量子数）l は，ある主量子数 n に対して，次の値をとることが可能である．

$$l = 0, 1, 2, 3, \cdots, n-1$$

副殻を示す記号には s, p, d, f, g のようなアルファベットの小文字を用いる．例えば，$n=1$ のとき許される l の値は $l=0$ であるので，K殻はたった1つの副殻 s からなる．**基底状態**（最もエネルギーの低い状態；ground state）**原子**では，中の電子によって s, p, d および f 副殻だけしか占められないので，これら s, p, d, f 副殻にしか注目しない．1つの副殻を特定するために，主量子数 n の値を書き，次に副殻の文字を書く．例えば，$n=2$, $l=0$ は 2s 副殻とよばれる．同様に $n=2$, $l=1$ は 2p 副殻とよばれる．

3) 磁気量子数 m

それぞれの副殻は1つ，または，それ以上の軌道から構成されている．軌道の空間での配向を決める磁気量子数 m は次の $(2l+1)$ 個の値をとることができる．

$$m = -l, -(l-1), \cdots, -1, 0, 1, \cdots, l-1, l$$

例えば，$l=0$ の s 副殻には $m=0$ の軌道が1個だけである．$l=1$ の p 副殻には，$m=+1, 0, -1$ で区別される3つの軌道があり，これを p 軌道という．$l=2$ の d 副殻には，$m=+2, +1, 0, -1, -2$ の5個の軌道があり，これを d 軌道という．$l=3$ 以上についても同様である．

4) スピン量子数 s

波動方程式の解に由来する n, l, m という3つの量子数のほかに，スピン量子数 s という，もう1つの量子数がある．

電子のスピンはまったくの量子力学的性質であるが，比喩的には電子の自転に対応するもので，その自転の向きによって状態が区別される．**スピン量子数**は $s = \pm 1/2$ のいずれかだけしかとれない．この2つのスピン状態は通常↑（上向きスピン）と↓（下向きスピン）で表す．つまり，原子の状態を完全に指定するには，電子のスピンの状態も指定しなければならない．

電子の空間分布

量子力学において，いま，電子が原子核のまわりのどの位置にいて，どれくらいの運動量（方向を含むベクトル量）をもっているかを同時に知ることはできない．これは，**ハイゼンベルグの不確定性原理**（Heisenberg uncertainty principle）とよばれる．式で表すと

$$\Delta x \cdot \Delta p \geq h$$

ここで Δp は粒子の運動量の不確定量，Δx は粒子の位置の不確定量，h はプランク定数（$6.6260755 \times 10^{-34}$ J s）である．この原理は図 1.4 に示すように粒子の波動性から導かれる．このことから，原子核のまわりの電子の正確な軌道を描くことは困難である．代わり

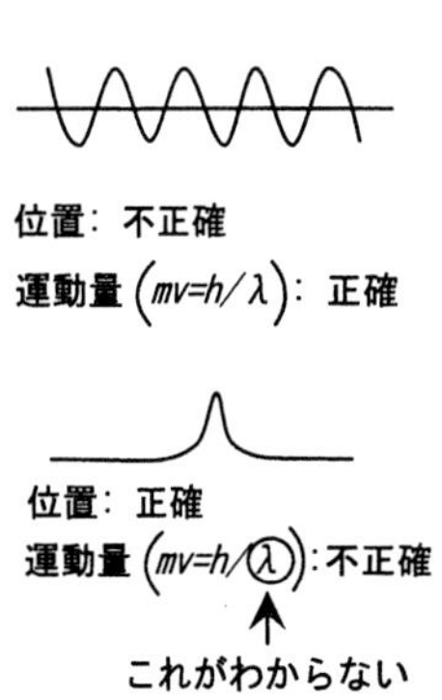

位置：不正確
運動量 $(mv=h/\lambda)$：正確

位置：正確
運動量 $(mv=h/\lambda)$：不正確
これがわからない

図 1.4 粒子の波動性

に，波動方程式からは，ある点での電子を見出す確率が得られる．

原子軌道の種類――s, p, d, f 軌道

s 軌道は原子核を中心として球対称に分布しており，電子雲の広がりに方向性が無い．主量子数 n が大きくなると，この電子雲も大きくなる．s 軌道だけでなく p, d, f 軌道についてもこのような傾向がある．

p 軌道は原子核の位置を節とし，その両側 180 度の方向に伸びた電子雲がある．

d 軌道はすべて形が同じではない，それらのうち 4 つ d_{xy}, d_{yz}, d_{zx}, $d_{x^2-y^2}$ は同じ形をしており，原子核の位置を節とし，そのま

> s は sharp, spherical, p は principle, perpendicular, d は diffuse, diagonal, f は fundamental, の略であると考えられる．元々はスペクトルの強さ，鋭さを表す principal, sharp, diffuse などの頭文字を付けている．

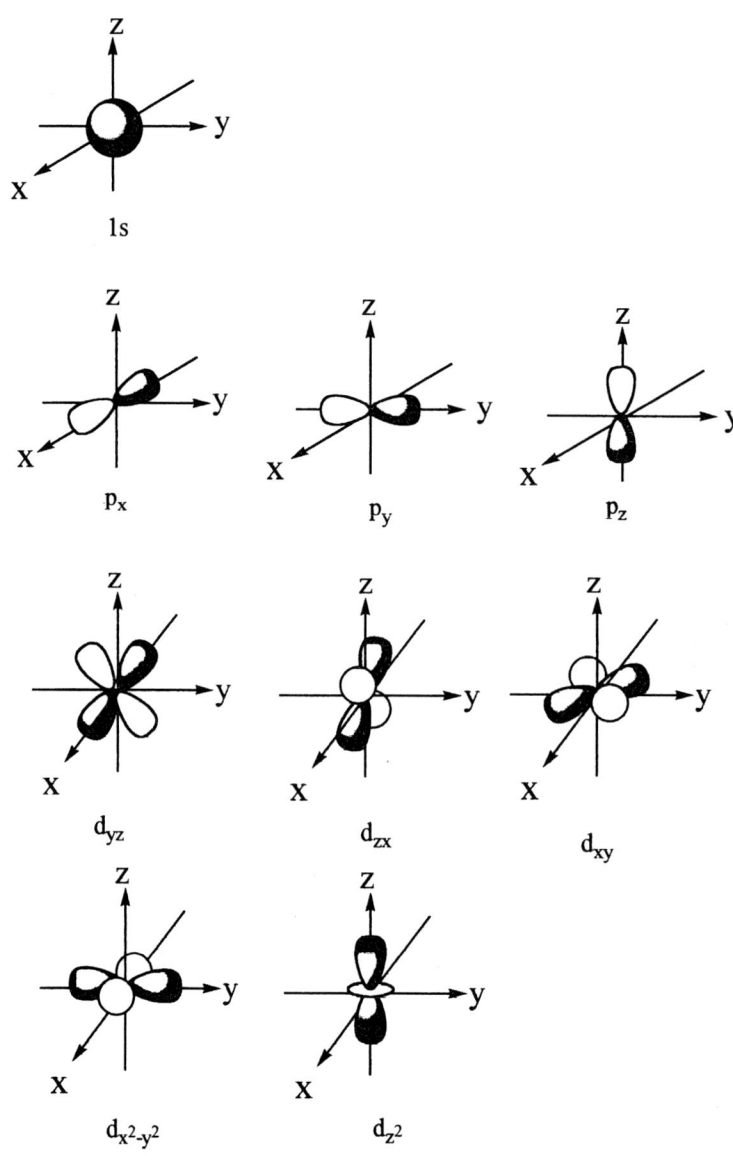

図 1.5 原子の軌道の形

わりに同一平面状で4つの方向に互いに垂直に広がる電子雲がある．5番目のd_{z^2}は，z軸に沿って原子核を節として反対の方向を向いている電子雲が存在し，xy平面の中にドーナツ状の電子雲がある．

f軌道の形はd軌道よりさらに複雑である．原子核の位置を節とし，その周りに6つの方向に広がる電子雲がある．

s, p, d軌道の電子軌道の形を図式化すると図1.5のようになる．

1.1.8 パウリの排他原理

原子の最低エネルギー状態を基底状態という．この時，電子がどの軌道を占めているかを**基底状態電子配置**という．ヘリウム（He）では2個の電子が1s軌道にあるから，その基底状態電子配置を$1s^2$と書き表す．ところが，次の原子番号3のリチウム（Li）になると基底状態は$1s^3$とはならない．これは，**パウリの排他原理**（Pauli exclusion principle, 1925年）として知られる自然の法則によって，このような電子の配置は許されない．この原理では，1つの原子軌道に電子は2個まで入ることができる．2個の電子が同じ軌道を占めるときは，電子のスピンは対（↑↓）になる．言い換えると，2個の電子のn, l, m, sという量子数が4つとも同じであることはない．また，電子のスピンが同符号の電子は，互いにできるだけ遠くに離れて存在しようとする傾向がある．したがって，Liの電子配置は$1s^2 2s^1$である．原子の軌道のうち，電子が入っている最も外側のsおよびp軌道を**原子価軌道**（valence orbital）といい，この原子価軌道が属する殻を**原子価殻**（valence shell）という．また，原子価殻に入っている電子を**価電子**（valence electron）とよぶ．原子価殻の内側の殻は原子のコアであり，この軌道を**コア軌道**（core orbital）とよぶ．Liのコアは$1s^2$であり，この配置はヘリウムの電子配置と同じであるから［He］とも表記される．この表記法では$1s^2 2s^1$と前に記述したLiの電子配置は［He］s^1となる．また，周期表における1から18までの族番号Gは価電子の数と密接な関わりがある．

1.1.9 構成原理

構成原理 (building-up principle) では，中性原子の原子軌道に電子を満たす順序は，簡単化すると 1s→2s→2p→3s→3p→4s→3d→4p→5s→4d→5p→6s→4f→5d→6p→7s→5f→6d→7p である．3d軌道より4s軌道に先に電子が入るのは，中心の正電荷が増加するにつれて，s軌道の方がpやdに比べて原子核に引き付けられる度合いが高いためである．各軌道にはパウリの排他原理にしたがって，2個までの電子を入れることができる．p副殻は p_x, p_y, p_z があるので6個まで，d副殻は d_{xy}, d_{yz}, d_{zx}, $d_{x^2-y^2}$, d_{z^2} があるので10個まで電子を入れられる．しかし，電子を入れる軌道が2個以上ある場合には，次の規則を適用する．

フントの規則（Hund's rule）：同じエネルギーの軌道が2つ以上ある場合には，電子は別々の軌道に入り，電子のスピンは平行になるように入る．

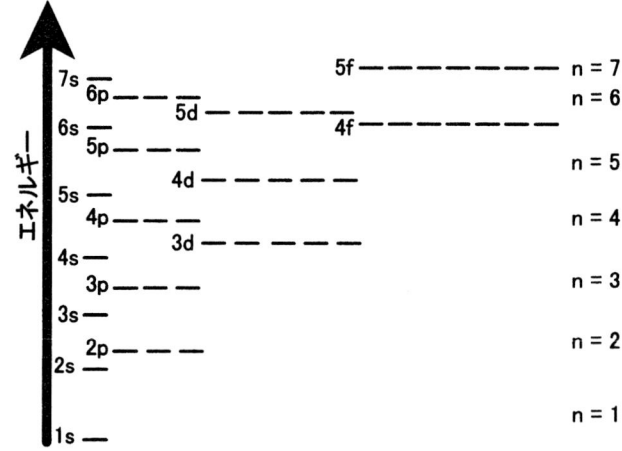

図 1.6 原子軌道のエネルギー

例題 1.4 原子番号19のKの電子配置を示せ．
解） 表1.1参照（原子番号90までの元素の電子配置を表1.1に示す）．

1.2 化学結合と分子の形——イオン結合，共有結合

原子，または，イオンが結合して，分子や結晶を作る際の原子間の結び付きを**化学結合**（chemical bond）いう．この節では，どのような法則に基づいて原子やイオンが結び付いているのかを説明する．

表 1.1 元素の電子配置

原子番号	元素	基底状態の電子配置	K	L		M			N				O				P			Q
			1s	2s	2p	3s	3p	3d	4s	4p	4d	4f	5s	5p	5d	5f	6s	6p	6d	7s
1	H	1s^1	1																	
2	He	1s^2	2																	
3	Li	[He]2s^1	2	1																
4	Be	[He]2s^2	2	2																
5	B	[He]2s^{2}2p^1	2	2	1															
6	C	[He]2s^{2}2p^2	2	2	2															
7	N	[He]2s^{2}2p^3	2	2	3															
8	O	[He]2s^{2}2p^4	2	2	4															
9	F	[He]2s^{2}2p^5	2	2	5															
10	Ne	[He]2s^{2}2p^6	2	2	6															
11	Na	[Ne]3s^1	2	2	6	1														
12	Mg	[Ne]3s^2	2	2	6	2														
13	Al	[Ne]3s^{2}3p^1	2	2	6	2	1													
14	Si	[Ne]3s^{2}3p^2	2	2	6	2	2													
15	P	[Ne]3s^{2}3p^3	2	2	6	2	3													
16	S	[Ne]3s^{2}3p^4	2	2	6	2	4													
17	Cl	[Ne]3s^{2}3p^5	2	2	6	2	5													
18	Ar	[Ne]3s^{2}3p^6	2	2	6	2	6													
19	K	[Ar]4s^1	2	2	6	2	6		1											
20	Ca	[Ar]4s^2	2	2	6	2	6		2											
21	Sc	[Ar]3d^{1}4s^2	2	2	6	2	6	1	2											
22	Ti	[Ar]3d^{2}4s^2	2	2	6	2	6	2	2											
23	V	[Ar]3d^{3}4s^2	2	2	6	2	6	3	2											
24	Cr	[Ar]3d^{5}4s^1	2	2	6	2	6	5	1											
25	Mn	[Ar]3d^{5}4s^2	2	2	6	2	6	5	2											
26	Fe	[Ar]3d^{6}4s^2	2	2	6	2	6	6	2											
27	Co	[Ar]3d^{7}4s^2	2	2	6	2	6	7	2											
28	Ni	[Ar]3d^{8}4s^2	2	2	6	2	6	8	2											
29	Cu	[Ar]3d^{10}4s^1	2	2	6	2	6	10	1											
30	Zn	[Ar]3d^{10}4s^2	2	2	6	2	6	10	2											
31	Ga	[Ar]3d^{10}4s^{2}4p^1	2	2	6	2	6	10	2	1										
32	Ge	[Ar]3d^{10}4s^{2}4p^2	2	2	6	2	6	10	2	2										
33	As	[Ar]3d^{10}4s^{2}4p^3	2	2	6	2	6	10	2	3										
34	Se	[Ar]3d^{10}4s^{2}4p^4	2	2	6	2	6	10	2	4										
35	Br	[Ar]3d^{10}4s^{2}4p^5	2	2	6	2	6	10	2	5										
36	Kr	[Ar]3d^{10}4s^{2}4p^6	2	2	6	2	6	10	2	6										
37	Rb	[Kr]5s^1	2	2	6	2	6	10	2	6			1							
38	Sr	[Kr]5s^2	2	2	6	2	6	10	2	6			2							
39	Y	[Kr]4d^{1}5s^2	2	2	6	2	6	10	2	6	1		2							
40	Zr	[Kr]4d^{2}5s^2	2	2	6	2	6	10	2	6	2		2							
41	Nb	[Kr]4d^{4}5s^1	2	2	6	2	6	10	2	6	4		1							
42	Mo	[Kr]4d^{5}5s^1	2	2	6	2	6	10	2	6	5		1							
43	Tc	[Kr]4d^{5}5s^2	2	2	6	2	6	10	2	6	5		2							
44	Ru	[Kr]4d^{7}5s^1	2	2	6	2	6	10	2	6	7		1							
45	Rh	[Kr]4d^{8}5s^1	2	2	6	2	6	10	2	6	8		1							

表 1.1 つづき

原子番号	元素	基底状態の電子配置	K	L		M			N				O				P			Q
			1s	2s	2p	3s	3p	3d	4s	4p	4d	4f	5s	5p	5d	5f	6s	6p	6d	7s
46	Pd	[Kr]4d^{10}	2	2	6	2	6	10	2	6	10									
47	Ag	[Kr]4d^{10}5s^1	2	2	6	2	6	10	2	6	10		1							
48	Cd	[Kr]4d^{10}5s^2	2	2	6	2	6	10	2	6	10		2							
49	In	[Kr]4d^{10}5s^{2}5p^1	2	2	6	2	6	10	2	6	10		2	1						
50	Sn	[Kr]4d^{10}5s^{2}5p^2	2	2	6	2	6	10	2	6	10		2	2						
51	Sb	[Kr]4d^{10}5s^{2}5p^3	2	2	6	2	6	10	2	6	10		2	3						
52	Te	[Kr]4d^{10}5s^{2}5p^4	2	2	6	2	6	10	2	6	10		2	4						
53	I	[Kr]4d^{10}5s^{2}5p^5	2	2	6	2	6	10	2	6	10		2	5						
54	Xe	[Kr]4d^{10}5s^{2}5p^6	2	2	6	2	6	10	2	6	10		2	6						
55	Cs	[Xe]6s^1	2	2	6	2	6	10	2	6	10		2	6			1			
56	Ba	[Xe]6s^2	2	2	6	2	6	10	2	6	10		2	6			2			
57	La	[Xe]5d^{1}6s^2	2	2	6	2	6	10	2	6	10		2	6	1		2			
58	Ce	[Xe]4f^{1}5d^{1}6s^2	2	2	6	2	6	10	2	6	10	1	2	6	1		2			
59	Pr	[Xe]4f^{3}6s^2	2	2	6	2	6	10	2	6	10	3	2	6			2			
60	Nd	[Xe]4f^{4}6s^2	2	2	6	2	6	10	2	6	10	4	2	6			2			
61	Pm	[Xe]4f^{5}6s^2	2	2	6	2	6	10	2	6	10	5	2	6			2			
62	Sm	[Xe]4f^{6}6s^2	2	2	6	2	6	10	2	6	10	6	2	6			2			
63	Eu	[Xe]4f^{7}6s^2	2	2	6	2	6	10	2	6	10	7	2	6			2			
64	Gd	[Xe]4f^{7}5d^{1}6s^2	2	2	6	2	6	10	2	6	10	7	2	6	1		2			
65	Tb	[Xe]4f^{9}6s^2	2	2	6	2	6	10	2	6	10	9	2	6			2			
66	Dy	[Xe]4f^{10}6s^2	2	2	6	2	6	10	2	6	10	10	2	6			2			
67	Ho	[Xe]4f^{11}6s^2	2	2	6	2	6	10	2	6	10	11	2	6			2			
68	Er	[Xe]4f^{12}6s^2	2	2	6	2	6	10	2	6	10	12	2	6			2			
69	Tm	[Xe]4f^{13}6s^2	2	2	6	2	6	10	2	6	10	13	2	6			2			
70	Yb	[Xe]4f^{14}6s^2	2	2	6	2	6	10	2	6	10	14	2	6			2			
71	Lu	[Xe]4f^{14}5d^{1}6s^2	2	2	6	2	6	10	2	6	10	14	2	6	1		2			
72	Hf	[Xe]4f^{14}5d^{2}6s^2	2	2	6	2	6	10	2	6	10	14	2	6	2		2			
73	Ta	[Xe]4f^{14}5d^{3}6s^2	2	2	6	2	6	10	2	6	10	14	2	6	3		2			
74	W	[Xe]4f^{14}5d^{4}6s^2	2	2	6	2	6	10	2	6	10	14	2	6	4		2			
75	Re	[Xe]4f^{14}5d^{5}6s^2	2	2	6	2	6	10	2	6	10	14	2	6	5		2			
76	Os	[Xe]4f^{14}5d^{6}6s^2	2	2	6	2	6	10	2	6	10	14	2	6	6		2			
77	Ir	[Xe]4f^{14}5d^{7}6s^2	2	2	6	2	6	10	2	6	10	14	2	6	7		2			
78	Pt	[Xe]4f^{14}5d^{9}6s^1	2	2	6	2	6	10	2	6	10	14	2	6	9		1			
79	Au	[Xe]4f^{14}5d^{10}6s^1	2	2	6	2	6	10	2	6	10	14	2	6	10		1			
80	Hg	[Xe]4f^{14}5d^{10}6s^2	2	2	6	2	6	10	2	6	10	14	2	6	10		2			
81	Tl	[Xe]4f^{14}5d^{10}6s^{2}6p^1	2	2	6	2	6	10	2	6	10	14	2	6	10		2	1		
82	Pb	[Xe]4f^{14}5d^{10}6s^{2}6p^2	2	2	6	2	6	10	2	6	10	14	2	6	10		2	2		
83	Bi	[Xe]4f^{14}5d^{10}6s^{2}6p^3	2	2	6	2	6	10	2	6	10	14	2	6	10		2	3		
84	Po	[Xe]4f^{14}5d^{10}6s^{2}6p^4	2	2	6	2	6	10	2	6	10	14	2	6	10		2	4		
85	At	[Xe]4f^{14}5d^{10}6s^{2}6p^5	2	2	6	2	6	10	2	6	10	14	2	6	10		2	5		
86	Rn	[Xe]4f^{14}5d^{10}6s^{2}6p^6	2	2	6	2	6	10	2	6	10	14	2	6	10		2	6		
87	Fr	[Rn]7s^1	2	2	6	2	6	10	2	6	10	14	2	6	10		2	6		1
88	Ra	[Rn]7s^2	2	2	6	2	6	10	2	6	10	14	2	6	10		2	6		2
89	Ac	[Rn]6d^{1}7s^2	2	2	6	2	6	10	2	6	10	14	2	6	10		2	6	1	2
90	Th	[Rn]6d^{2}7s^2	2	2	6	2	6	10	2	6	10	14	2	6	10		2	6	2	2

1.2.1 ルイス記号

原子の価電子を原子記号のまわりに点（・）で示したもので，化学結合を表す式である．ルイス（G. N. Lewis）は各原子の原子価殻に 8 個の電子が入るまで各原子は電子を共有しようとするという，**オクテット則（八隅子則）** により様々な分子の存在が説明できることを見出した．前に述べたように，原子価殻に数個の電子が入ると，Ar などの希ガスと同じ型の **閉殻**（closed shell）の電子配置ができる．ただし，水素原子はヘリウム型の $1s^2$ の電子配置になるのに原子価殻に 2 個電子が入るだけでよい．このオクテット則を用いて分子中の結合パターンを示した図をルイス構造という．

ルイス構造を描く

ルイス構造を組み立てるには，第 1 に，各原子の価電子をすべてたしあわせてルイス構造の中に入れる電子の数を決定する．例えば，水素原子の基底状態の電子配置は $1s^1$ だから価電子は 1 個，O の電子配置は $[He]2s^2 2p^4$ だから価電子は 6 個である．また，イオンであるならば，負の電荷の数だけ電子を加え，あるいは正の電荷の数だけ電子を減じる．第 2 に，各元素のつながり方に対応して元素記号を書く．そして後で述べる電気陰性度の低い原子が，分子の中心となるのが普通である．第 3 に，電子を対にして，互いに結合している原子間に 1 対ずつ振り分ける．第 4 に，各原子が 8 個電子を持つように，残りの電子の対を，多重結合や孤立電子対を作って加える．そのうえで，結合を作っている電子対を，1 本ずつの線で表記する．

例題 1.5 次の物質のルイス構造を書け．
$$H_2,\ H_2O,\ NH_3,\ N_2,\ CCl_4$$
解）

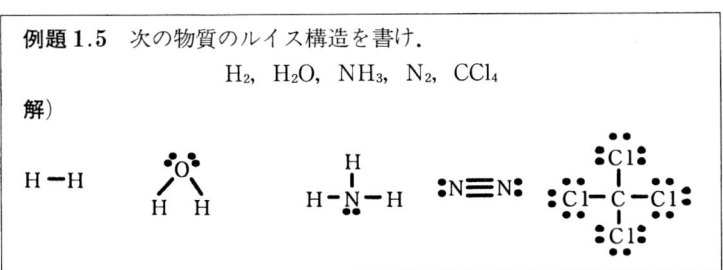

1.2.2 イオン結合

ナトリウム（Na）原子は価電子が 1 個で，それ以外の電子配置はネオン（Ne）と同じ電子配置となる $[Ne]3s^1$ 電子配置をとる．塩素（Cl）原子の価電子は 7 個で，それ以外はネオン（Ne）と同じ電子配置となる $[Ne]3s^2 3p^5$ である．そこで，Na 原子が電子を 1 つ放出すると，Ne と同じ電子配置の Na^+（ナトリウムイオン）

となる．同様に，Cl原子が電子を1つ得ればアルゴンAr（[Ne]$3s^23p^6$）と同じ電子配置のCl$^-$（塩化物イオン）になる．Naの3s電子1つがClの3pの空孔に入って，イオン結合が生まれる．

実際には，イオン結合（ionic bond）は周期表の1, 2, 13族元素の陽イオンと，16, 17族元素の陰イオンとの間に生じやすい．また，14, 15族元素はイオン結合しにくい．

1.2.3 共有結合

水素分子（H_2），酸素分子（O_2）などの同一種類の元素からなる分子では，前述のイオン結合の考え方では説明できないので，ほかの結合様式を考えなければならない．また，水分子が水素原子2個と酸素原子1個が結合して作られるときのように，複数の原子が分子を作るときに，分子内で原子同士を強く結び付けている力は共有結合力とよばれ，このとき生成した原子間の結合を**共有結合**（covalent bond）とよぶ．共有結合は2個以上の原子間で共有されている電子により特徴付けられ，原子個々の性質はなくなっている．共有結合は，通常2つの電子（**共有電子対**；shared pair of electrons）から形成される．各電子は結合にあずかる各原子から1個ずつ加わる．また，結合にあずかる2個の電子のスピンは反平行である．はじめから対になっていて，共有結合にならない電子対は，**非共有電子対**（unshared pair of electrons）とよばれる．共有結合のもう1つの特徴は，その結合の方向性で，互いに明確な角度を保って結合している．すなわち，多価原子については，共有結合によって分子中における原子の配置の仕方，あるいはダイヤモンド構造を作って炭素原子が配列するように結晶中で原子が規則的な三次元格子を作る仕方が決められる．

共有結合は短距離力であり，非常に短い0.1〜0.2 nm程度の原子間距離で働く．また，結合の長さの増加にともない結合の強さは減少する傾向を示す．

1) メタン

メタン（CH_4；methane）は，図1.7に示すように4つの水素原子が正四面対の頂点に位置し，その中心に炭素原子が位置する構造を持つ．炭素の原子価状態は4つの同等な**混成軌道**（hybrid orbital）に電子が1つずつ入ったもので，これらは2sとすべての2p原子軌道を混ぜて作ることができる．炭素原子は原子核のまわりに6個の電子がある．これらの電子は基底状態では$1s^22s^22p^2$という電子配置をとる．すなわち，これらの電子は基底状態において1s軌道に2個，2s軌道に2個，ほかの2個の電子は2p軌道の

Hのs軌道とCのsp^{3}軌道との重なりによるC−Hσ結合（4つある）

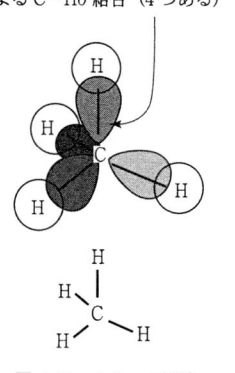

図 1.7 メタンの構造

$2p_x$ に 1 個, $2p_y$ に 1 個, $2p_z$ は空の軌道である．したがって，結合に関与する価電子は，4 つである．

不対電子を 4 つ得るために，2s 軌道の電子のうち 1 つを，空の p_z 軌道に昇位させると，(s+p+p+p) から 4 つの等価な sp^3 混成軌道の組が得られる．この 4 つの混成軌道はエネルギー状態が等価なので，それぞれの電子の間の反発が小さくなるように 4 つの水素の 1s 軌道と 4 つの混成軌道が重なりあい，炭素原子を正四面体の重心とし各結合間の角度が 109°28′ の共有結合を持つ正四面体構造となる．

2) エタン

エタン (C_2H_6; ethane) は，2 つの炭素原子と 6 つ水素原子からなり，各炭素原子は 3 つの水素ともう 1 個の炭素原子と結合している．メタンの場合のように，炭素－水素は sp^3 軌道と水素の s 軌道が重なってできている．また，炭素－炭素結合は 2 つの炭素の sp^3 軌道 2 個が互いに向かいあい重なりあってできており，炭素原子核を結ぶ軸に対して円筒対象である．以上の C–H, C–C 結合を **σ 結合** といい，結合を形成する電子対を **σ 電子** という．また，エタンの結合角は 109°28′，炭素－炭素 (C–C) の結合距離は 0.153 nm, 炭素－水素 (C–H) の結合距離は 0.110 nm である．

3) エテン

エテン (C_2H_4; ethene, エチレンともいう) は，図 1.8 に示すような構造をしており，エタンよりも水素原子が 2 つ少ない．また，炭素－炭素結合の距離は，エタンよりも約 9 pm 短い．炭素原子の 1 つの 2s 軌道と 2 つの 2p 軌道 ($2p_x$, $2p_y$ 軌道) を混成して，3 つのエネルギー的に等価な sp^2 混成軌道を作り，炭素はほかの 3 個の原子と結合する．この sp^2 軌道は炭素核と同一平面上にあり正三角形の頂点の方向を向いている．2 つの炭素原子の sp^2 軌道は，それぞれ水素原子および炭素原子同士の σ 結合に使われる．これでエテン分子の骨格ができたわけであるが，これだけではエテン分子は完璧ではない．sp^2 軌道を形成する際に残った $2p_z$ 軌道は，3 個の sp^2 軌道平面の上下に，垂直に位置している 2 個の同等な球である．この炭素原子の p 軌道が，もう 1 つの炭素原子の p 軌道と重なりあうと電子が対になり，新しく 1 つの結合ができる．このような p-p 結合を **π 結合** とよぶ．この結合は原子平面の上と下の 2 つの部分電子雲から成り立っている．π 結合は電子軌道の重なりあいが σ 結合と比較して少ないので炭素－炭素の σ 結合より弱い．

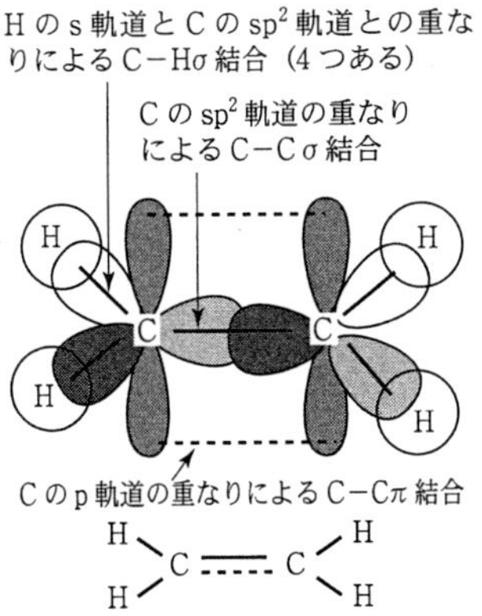

4) エチン

エチン (C_2H_2; ethyne, アセチレンともいう) は，図 1.9 に示

H の s 軌道と C の sp^2 軌道との重なりによる C–H σ 結合 (4 つある)

C の sp^2 軌道の重なりによる C–C σ 結合

C の p 軌道の重なりによる C–C π 結合

図 1.8 エテンの構造

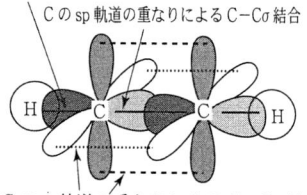

Hのs軌道とCのsp軌道との重なりによるC–Hσ結合（2つある）
Cのsp軌道の重なりによるC–Cσ結合
Cのp軌道の重なりによるC–Cπ結合（2つある）

H—C≡≡≡C—H

図1.9 エチンの構造

すような構造をしており，エテンよりも水素原子が2つ少ない．また，炭素—炭素結合の距離は，エテンよりも約14 pm短い．これは，エチンの炭素—炭素結合がσ結合1つとπ結合2つからなっているからである．炭素の2s軌道と2p軌道の1つである$2p_x$軌道が混成して，エネルギー的に等価なsp混成軌道を作る．$2p_y$，$2p_z$軌道は残ったままとなる．エチンの2つの炭素のsp混成軌道は水素—炭素σ結合（sp-s）と炭素—炭素σ結合（sp-sp）を形成し，直線構造の分子骨格ができる．残された$2p_y$と$2p_z$軌道は重なりあって，2つのπ結合（$2p_y$-$2p_y$，$2p_z$-$2p_z$）を形成する．

1.2.4 金属結合

金属は展性，延性に富み，独特の光沢があり，高い電気伝導率や熱伝導率を持つという特徴がある．金属原子はイオン化エネルギーが小さく，陽イオンになりやすい．この陽イオンが規則的な格子を作った場合，価電子は特定の原子に固定されず，多数の原子間を自由に動き，すべての陽イオンに共有される．この自由に動くことのできる電子を**伝導電子**（conduction electron）または**自由電子**（free electron）とよび，このような結合を**金属結合**（metallic bond）とよぶ．金属持有の金属光沢や，高い電気および熱伝導率は自由電子に由来する性質である．

1.2.5 電気陰性度

ある元素が化合物の成分である時に，その原子が自分自身のまわりに電子を引き寄せる度合いを**電気陰性度**（electronegativity）という．電気陰性度は表1.2に示すように，一般に周期表の各族の下に行くと減少し，各周期の右に行くと増加する．一般に電気陰性度の差が大きい2原子間で形成される結合ほどイオン性が大きくなる．

結合のイオン性は次の関係式（Hannay & Smyth）により表される．

表1.2 電気陰性度

電気陰性度　　　　　　　　　　　　⟶　増大

H 2.2																		He
Li 1.0	Be 1.6											B 2.0	C 2.6	N 3.0	O 3.4	F 4.0	Ne 4.6	
Na 0.9	Mg 1.3											Al 1.6	Si 1.9	P 2.2	S 2.6	Cl 3.0	Ar 3.4	
K 0.8	Ca 1.0	Sc 1.3	Ti 1.5	V 1.6	Cr 1.6	Mn 1.5	Fe 1.8	Co 1.9	Ni 1.8	Cu 1.9	Zn 1.6	Ga 1.8	Ge 2.0	As 2.2	Se 2.5	Br 2.8	Kr 3.0	
Rb 0.8	Sr 1.0	Y 1.2	Zr 1.4	Nb 1.6	Mo 1.8	Tc 1.9	Ru 2.2	Rh 2.2	Pd 2.2	Ag 1.9	Cd 1.7	In 1.7	Sn 1.8	Sb 2.0	Te 2.1	I 2.5	Xe 2.6	
Cs 0.8	Ba 0.9	*	Hf 1.3	Ta 1.5	W 1.7	Re 1.9	Os 2.2	Ir 2.2	Pt 2.2	Au 2.4	Hg 1.9	Tl 1.8	Pb 1.8	Bi 1.9	Po 2.0	At 2.2	Rn	

減少 ↓

$$\text{イオン性} \% = 16(x_a - x_b) + 3.5(x_a - x_b)^2$$

ここで x_a, x_b は，原子 a, b のそれぞれの電気陰性度，ただし $x_a > x_b$ である．

1.2.6 酸化数

酸化数とは，以下に示す5つの約束にしたがい，1つの原子に割り当てられる電荷の数を示すものである．

① ほかの元素と結合していない中性原子の酸化数は 0 である．

② イオンの酸化数はそのイオンが持つ電荷そのものである．

③ H_2O_2 や OF_2 のような例外を除くと，酸素化合物中の酸素の酸化数は -2 である．しかし，例外の H_2O_2 では酸素の酸化数は -1，OF_2 ではフッ素の電気陰性度の方が酸素のそれよりも大きいから，酸素の酸化数は $+2$ である．

④ 例外の水素化金属を除き，ほとんどの水素化合物の水素の酸化数は $+1$ である．しかし，例外の水素化金属（KH など）の水素の酸化数は -1 である．

⑤ イオンや化合物中のほかの原子の酸化数は，中性分子についての酸化数の和は 0 である，また，イオンについての酸化数の和はその電荷に等しいという考え方を適応して計算することが可能である．

例題 1.6

a) $HClO_4$ の塩素の酸化数はいくつか？
b) PO_4^{3-} のリンの酸化数はいくつか？
c) H_3AsO_3 のヒ素の酸化数はいくつか？

解）

a) 水素と酸素の酸化数はそれぞれ $+1$ と -2 であり，かつ全体で酸化数が 0 になるためには，塩素の酸化数は $+7$ でなければならない．

b) 全体で酸化数が -3 であるから，リンの酸化数は $+5$ である．

c) 水素と酸素の酸化数はそれぞれ $+1$ と -2 であり，かつ全体で酸化数が 0 になるためには，ヒ素の酸化数は $+3$ でなければならない．

1.2.7 配位結合

アンモニア分子（NH_3）は安定な電子配置を持っている．しかし，さらに非共有電子対を供給することにより水素イオン（H^+）と反応し，アンモニウムイオン（NH_4^+）を形成する．ルイスの構造式では共有結合は2つの原子を結ぶ直線で表したが，**配位結合**（coordinate bond）は，しばしば，どの原子が電子を与えているの

形成された配位結合は，実質的には共有結合と同じで，4つのNH結合は完全に等価であり，結合後は区別できない．

かを示す矢印で表される．

極性

ほとんどの分子は正味の電荷を持たず電気的に中性である．しかし，その多くは電気双極子を持っている．例えば，塩化水素（HCl）では H よりも Cl の方が電気陰性度が大きいので，HCl 分子中では塩素原子は水素原子の電子を引き付ける傾向がある．ゆえに，この分子は永久双極子を持っている．このような分子は**極性分子**（polar molecule）とよばれる．

極性分子の**双極子モーメント**（dipole moment）u は次式のように表される．

$$u = ql$$

ここで l は 2 個の電荷 +q と -q の距離である．双極子モーメントの単位は D（デバイ，Debye）で 1 Debye = 1 D = 3.3356×10^{-30} C m（クーロンメートル）である．

永久双極子モーメントは非対称分子のみに存在し，単独原子中にはない．また，双極子モーメントを持たない分子を**非極性分子**（nonpolar molecule）という．分子の極性はプラスの中心とマイナスの中心が一致するかどうかで判断するか，結合の極性ベクトルの合成で考えてもよい．例えば，水の分子は V 形の構造をしているので，2 つの O-H の極性が打ち消しあわないため，分子は極性を示す．また，二酸化炭素の分子（CO_2）は，直線的であり，C=O 結合には極性があるが，左右の結合の極性ベクトルは，向きが反対で，大きさが等しく，その合成は 0 になるので，分子全体としては極性を示さない．一般に，極性分子は，水やアルコールのような極性溶媒によく溶解する．

Debye という単位は，第 2 次世界大戦直前にオランダからアメリカ合衆国に亡命した物理化学者デバイ（P. J. W. Debye, 1936 年ノーベル化学賞）にちなんで付けられた単位である．素電価（約 1.602×10^{-19} C）をもつ +e と -e が 0.1 nm 離れて存在する時 4.8 D である．

図　国立天文台の 45 m 電波望遠鏡
URL：http://www.nro.nao.ac.jp

宇宙にある奇妙な分子

銀河系内外の宇宙空間には非常に希薄ながらもガスが存在する．ガスが少し濃いところでは，H_2，H_2O，CO，NH_3 などの単純な分子やエタノールなどの有機分子が見つかっている．また，希薄な星の間の空間では特殊な化学反応が起きており，地球上には存在しない C_6H，C_2S，C_3S，C_4Si，cyclic-C_3H，CH_2CN，CCO，HCCNC，HNCCC，HC_3NH^+，CH_2OH^+，HCCCOH，MgNC などの分子がミリ波・赤外線観測によってたくさん発見されている．これらの研究は，ミリ波の電波が大気中の水蒸気に吸収されてしまうので，標高が高く降雪が少なく乾燥した高原が適しており，長野県佐久郡南牧村野辺山の国立天文台の 45 m 電波望遠鏡などによって行われている．しかし，レーダーや人工衛星からの電波の影響によって年々観測は難しくなっているようである．

1.2.8 水素結合

陽イオンの中で，唯一，電子を持っていないのは水素イオンである．通常イオン同士は，たとえ，陽イオンと陰イオンであっても，電子雲の反発のために，ある程度以上は近付けないが，水素イオンはその電子雲がないので，ほかのイオンに近付きやすい．特に孤立電子対を持つような分子とは配位結合する．しかし，近くに別の孤立電子対が存在すると，2つの電子対をつなぐように結合する．

水の分子は水素結合が強いため，類似構造を持つ同じ16族元素の水素化合物の中で，融点，沸点がともに H_2O 分子だけ異常に高い（図1.10）．これは水分子の極性が特に大きいため，正電荷を帯びた水素原子と負電荷を帯びている酸素原子との間で静電気的引力が働き HO…H の結合が形成され，その結果として分子量の大きい化合物としてふるまうからである．このような結合を**水素結合** (hydrogen bond) とよぶ．

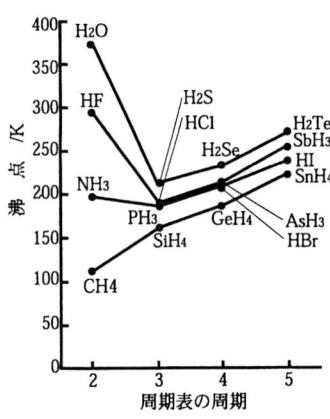

図 1.10 水素化合物の沸点

1.3 化学的な性質

1.3.1 原子の大きさ

1) 原子半径

一般に，同じ周期（周期表の同じ行）では，原子番号が増加するほど，原子半径は小さくなる（例外 Tl，Pb，Bi）．これは，同一周期では，陽子の数が多いほど，原子核が電子殻を強く引き付けるためである．また，原子の質量数が増加しても，原子半径の大きさはほとんど増加せず，その大きさには限界がある．

2) イオン半径

イオン半径は，同じ族では周期表の下ほど大きい．これは周期表の下ほど外側の殻に電子が入るために大きくなっていると説明できる．イオン半径の一般的特徴としては，元の原子と比較して陰イオンは大きく，陽イオンは小さいということがいえる．

1.3.2 イオン化エネルギー

核の電荷に逆らって電子1個を原子から取り去るのに必要なエネルギーを，原子の**第1イオン化エネルギー**という．2個目を取り去るのに必要なエネルギーを**第2イオン化エネルギー**という．一般に，第 n イオン化エネルギーの方が第 $(n-1)$ イオン化エネルギーより大きい．正に帯電したものから電子を引き抜くのは，中性のものから引き抜く場合よりも多くのエネルギーを必要とするのは当然のことである．イオン化エネルギーの大きさは，原子の基底状態に

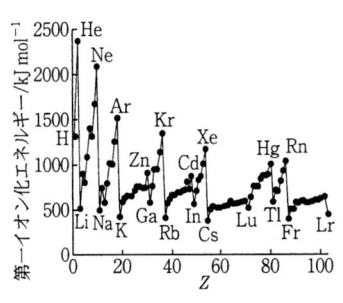

図 1.11 原子番号と第1イオン化エネルギー

有効核電荷：
1つの外殻電子が感じる核の正電荷は，他の電子の影響（核電荷の遮蔽）で実際の核の電荷とは異なる．これを有効核電荷という．

おける最高のエネルギーを持つ電子のエネルギー準位と，その電子に働く**有効核電荷**に依存する．18族の希ガス元素のように完全に満たされた外殻から電子を取り去るには，多くのエネルギーを必要とする．それに比べ1族のアルカリ金属の第1イオン化エネルギーは低い．同一周期の中では外殻の有効核電荷は原子番号 Z とともに増加し，同時に第1イオン化エネルギーも増加する．ある1つの族の中では，若い周期の元素よりも，あとの周期に属する元素の方が電子を取り去りやすい．原子番号21のScからの遷移元素の第1イオン化エネルギーは極端に大きいものも小さいものもなく中間的な値をとり，元素による特徴もあまりない．すべての元素の中で最大の第1イオン化エネルギーを示すものはヘリウム（He）である．

1.3.3 電子親和力

原子に外殻電子を1つ付け加える時に放出されるエネルギーを**電子親和力**（electron affinity）という．周期表17族のハロゲン元素ではフッ素を除き原子番号が小さいほど電子親和力が大きく，1価の陰イオンになりやすい．

1.4 元素のグループ分けと周期表

1.4.1 元素のグループ分け

元素を大まかに分けると**金属**（metal）と**非金属**（nonmetal），そして**メタロイド**（metalloid）に分類できる．

1) 金 属

金属はハンマーなどで打つことによって変形できる**展性**（malleability）と引っ張られると延びる性質の**延性**（ductility）を持つ．金箔の製造では前者の性質が，針金の製造には後者の性質が使われる．

2) 非 金 属

私たちの日常生活においては，大抵の非金属元素は，ダイヤモンドや炭を除いて，単体として，めったに出会うことはない．しかし，私たちを取り巻く大気も，非金属の酸素や窒素からなっている．また，非金属元素の多くは化合物として私たちの身のまわりに存在する．

3) メタロイド

金属と非金属の中間的性質をもつ元素であり，ケイ素（Si），ヒ素（As），アンチモン（Sb）がよく知られている．典型的なものはシリコン（Si）半導体で現在のマイクロエレクトロニクスの技術を

1.4.2 周期表

現在の周期表（periodic table）では，原子番号は原子量より基礎的な性質なので，周期表には元素は原子番号の順に並べられている．表の横の行を周期，縦の列を族という．族番号は現在の **IUPAC** の勧告にしたがい，1～18族と表記する．そして，周期表は4つのブロックに分けることができる．最外殻がs電子とp電子のブロックの元素をまとめて典型元素とよぶ．また，d電子が充填されるものはdブロック元素とよび，f電子が充填されるものはfブロック元素とよぶ．周期表一番右の18族（希ガス）の電子配置は，きわめて安定な閉殻構造をとり，通常，化学反応には関与しないので上記のブロックには加えないことにする．周期表を表1.3に示す．

IUPAC：
国際純正・応用化学連合（International Union of Pure and Applied Chemistry の略）．化学に関する国際的な組織．

1) 18族元素（希ガス）

ヘリウム（$1s^2$）を除いて，最外殻のs，p軌道が完全に充填されており，基底状態での最外殻電子配置は $ns^2 np^6$ であり，きわめて安定な閉殻構造をとる．それゆえ二原子分子を作る傾向はまったくなく，単原子分子で不活性で化合物を作りにくい．存在量が少ないので**希ガス**（rare gas）ともよばれ，常温ではすべて無色，無臭の気体である．

2) 典型元素（1族，2族，13～18族）

電子配置が最外殻だけ不完全で，その構造は ns^1 から $ns^2 np^5$ の元素まである．この電子配置は希ガス元素の電子配置の不完全なも

12族は典型元素に分類されることもある．

表 1.3　元素の周期表

	1	2	3	4	5	6	7	8	9	10	11	12	13	14	15	16	17	18
1	1 H																	2 He
2	3 Li	4 Be											5 B	6 C	7 N	8 O	9 F	10 Ne
3	11 Na	12 Mg											13 Al	14 Si	15 P	16 S	17 Cl	18 Ar
4	19 K	20 Ca	21 Sc	22 Ti	23 V	24 Cr	25 Mn	26 Fe	27 Co	28 Ni	29 Cu	30 Zn	31 Ga	32 Ge	33 As	34 Se	35 Br	36 Kr
5	37 Rb	38 Sr	39 Y	40 Zr	41 Nb	42 Mo	43 Tc	44 Ru	45 Rh	46 Pd	47 Ag	48 Cd	49 In	50 Sn	51 Sb	52 Te	53 I	54 Xe
6	55 Cs	56 Ba	57-71 *	72 Hf	73 Ta	74 W	75 Re	76 Os	77 Ir	78 Pt	79 Au	80 Hg	81 Tl	82 Pb	83 Bi	84 Po	85 At	86 Rn
7	87 Fr	88 Ra	89-103 **	104 Rf	105 Db	106 Sg	107 Bh	108 Hs	109 Mt	110 Uun	111 Uuu	112 Uub						

		57	58	59	60	61	62	63	64	65	66	67	68	69	70	71
*	ランタノイド系	La	Ce	Pr	Nd	Pm	Sm	Eu	Gd	Tb	Dy	Ho	Er	Tm	Yb	Lu
**	アクチノイド系	89 Ac	90 Th	91 Pa	92 U	93 Np	94 Pu	95 Am	96 Cm	97 Bk	98 Cf	99 Es	100 Fm	101 Md	102 No	103 Lr

のと考えられるから，これらの元素は電子の授受によって希ガス型の電子配置をとろうとする傾向がある．性質が原子番号の増加とともに規則的に変化するので**典型元素**（typical elements）ともよばれる．

sブロック元素（1族，2族）

原子の最外殻を占める電子が球対称で広がる電子雲のs電子が特徴で，結晶の場合，この電子は互いに重なりあって，結晶に電気伝導性を与えている．また，この最外殻電子は，容易に脱離し，原子は陽イオンになる．

1族元素（Li, Na, K, Rb, Cs, Fr）：軽くて軟らかい金属で，反応性が激しい，常温で水と反応して水素を発生し，水溶液は強いアルカリ性となる．このため，**アルカリ金属**ともよばれる．また融点はリチウム（Li）が179℃，ナトリウム（Na）が97.81℃，カリウム（K）が63.5℃と低い．炎色反応はリチウムは紅色，ナトリウムは黄色，カリウムは淡紫色，ルビジウム（Rb）は深赤色，セシウム（Cs）は青色である．

2族元素（Be, Mg, Ca, Sr, Ba, Ra）：1族元素と比較すると，少し硬く，また反応性も低い，水との反応により水溶液はアルカリ性となる．周期表でカルシウム（Ca）以下の元素は**アルカリ土類金属**（alkali earth metals）ともよばれる．炎色反応はカルシウムは橙色，ストロンチウム（Sr）は赤色，バリウム（Ba）は淡緑色，ラジウム（Ra）は洋紅色である．

pブロック元素（13〜17族）

13族元素（B, Al, Ga, In, Tl）：ホウ素（B）は非金属性が強いが，アルミニウム（Al）以下は典型的な金属である．ホウ素族元素ともよばれる．

14族元素：炭素族ともよばれる．炭素（C）は典型元素で，ケイ素（Si）やゲルマニウム（Ge）は半導体で，スズ（Sn），鉛（Pb）は金属である．

15族元素：この族の最軽量元素の窒素は非金属元素であるが，原子量が増えるのにしたがい金属性が現れる．

16族元素：酸素，硫黄は非金属元素であるが，周期表の下の方になるにしたがって金属性が増してくる．硫黄（S），セレン（Se），テルル（Te）の3元素は**カルコゲン**（chalcogen）とよばれる．

17族元素（F, Cl, Br, I など）：ハロゲン元素ともよばれ，単体は二原子分子（F_2, Cl_2, Br_2, I_2 など）で反応性が高い．水素と反応すると，ハロゲン化水素になる．

3) d ブロック元素（外部遷移元素）

d ブロックの元素は，酸化状態の，錯体，有機金属化合物，有用な固体化合物を作る能力が高い．よって，これら d ブロック元素の化学的性質は豊富で興味深いものである．詳しくは無機化学の教科書を参考にされたい．

4) f ブロック元素（ランタノイド，アクチノイド）

d 軌道だけでなく f 軌道も電子で満たされておらず，系列が進むにつれて f 軌道が電子で満たされる元素を f ブロック元素（**内部遷移元素**）とよぶ．

ランタノイド

ランタノイド（lanthanide）の特徴は最外部の s や p 電子殻はそのままで d 電子殻の内側の f 電子殻が部分的に電子で充填されていくことである．

アクチノイド

アクチノイド（actinide）は 5f 軌道に電子が充填される Th, U, Pu などの元素で，そのすべてが放射性元素である．原子番号 92 のウラン（U）までは天然に存在するが，原子番号 93 のネプツニウム（Np）以降は天然には存在しない元素であり**超ウラン元素**（transuranic elements）とよばれる．

2 化学で使う全世界共通の言葉 その1

——単位の世界

　科学情報を他人に伝達するには，表記法（単位や化合物の名前）が統一されていることが必要である．また，偶然同じ単位を用いていたとしても，概念や大きさが異なれば国際紛争にまで発展しかねない．そこで本章では，国際的に使われているSI標準単位について記述した．さらに化学で最も重要な物質の量の単位であるモルの概念と，この概念を用いた濃度について詳述した．

2.1 有 効 数 字

　測定値は通常，**誤差**を含んでいる．図2.1は1mmまで目盛りのある物差しで長さを測定している例で，矢印の点は21.7 mmと読める．通常，実際の測定では最小目盛りの1桁下まで読むようにしており，慣れてくるとかなり正確な値として読み取ることができるようになる．しかし，小数点以下1桁目の値は7ではなく，6あるいは8と読む人があるかもしれない．小数点以下2桁目の数値については完全に不明である．

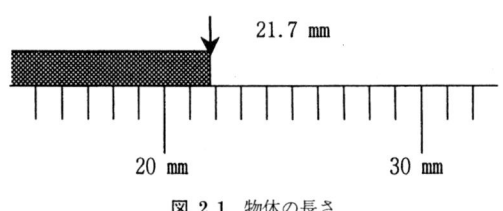

図 2.1　物体の長さ

　信頼できる情報を表している数字を**有効数字**（significant figures）という．図2.1の場合，21.7 mmは信頼性のある2と1および多少の不確かさがある小数点以下1桁目の7で構成されている．このような場合，この数を有効数字が3桁の数であるという．もし何らかの根拠により，この数値が21.6 mmと21.8 mmの間にあることが確定するならば，この測定値を21.7±0.1 mmと表示し，0.1 mmを誤差範囲あるいは誤差限界という．図2.1の場合は問題ないが，桁が大きくて0が多い数の有効数字の桁数を示すため，下記のような**指数表記形**（**科学的表記法**）を用いて表記する．

1.20×10^5　　　有効数字は $1, 2, 0$ で 3 桁
1.200×10^5　　有効数字は $1, 2, 0, 0$ で 4 桁

有効数字の異なる数値を加減乗除して得た数値は，必ず一番精密でない測定値の有効数字にあわせて表記する．

例 2.1　有効数字の計算

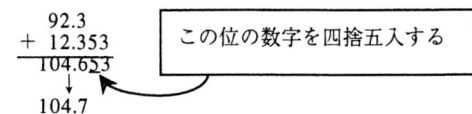

例 2.2　有効数字の計算

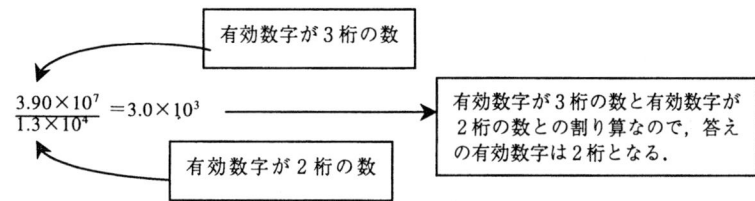

例 2.3　有効数字の計算

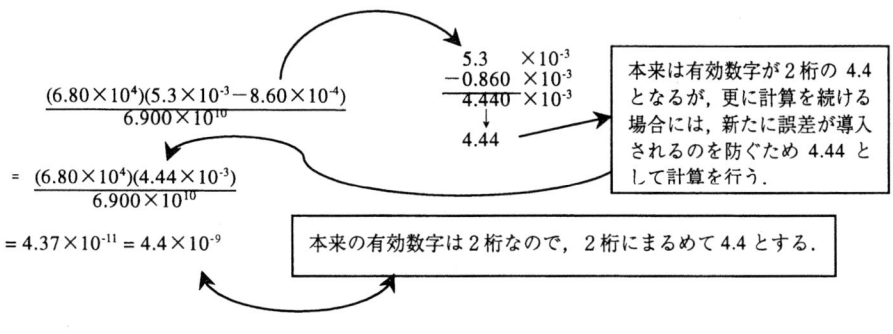

2.2 SI 単 位

2.2.1 7つの基本単位

科学情報を全世界に速く，正しく伝えるためには，重さ，長さなどの単位が，世界的に統一されていなければならない．現在では，1960 年に国際度量衡委員会が推奨した **SI 単位系** による表記法の統一が図られている．表 2.1 に基本となる 7 つの単位を示す．

SI 基本単位の組み合わせにより作られる 15 の単位を **SI 誘導単位**（組立単位；derived units）といい，便宜上，特別の名前と記号が付けられている．その一部を表 2.2 に示す．また，SI 接頭語を表 2.3 に示す．

SI 単位を用いた計算では，それ自身が 1 という係数をもつ **物理量** であるから，単位も数値と同じように演算して良い．この性質を

SI 単位系：
　国際単位系（International System of Units）として採用され，フランス語の le Système International d'Unités を略して SI 単位とよばれている．

物理量：
　数値×単位を物理量といい，特定の単位を前提としない．すなわち，「速さ v は…」と書き，「速さ v m s^{-1}…」とは書かない．

表 2.1 7つのSI基本単位（SI base units）

物理量	量の記号	SI単位の名称	SI単位の記号
長さ	l	メートル (meter)	m
質量	m	キログラム (kilogram)	kg
時間	t	秒 (second)	s
電流	I	アンペア (ampere)	A
温度	T	ケルビン (kelvin)	K
物質の量	n	モル (mole)	mol
光度	I_v	カンデラ (candela)	cd

記号はすべてローマン体（立体）で示し，人名に由来するAとKは大文字で示す．
量の記号はすべてイタリック体（斜体）で示す．

表 2.2 SI誘導単位（SI derived units）

物理量	SI単位の名称	SI単位の記号	基本単位による定義
力	ニュートン (newton)	N	$kg\,m\,s^{-2}$
圧力	パスカル (pascal)	Pa	$N\,m^{-2}$
エネルギー	ジュール (joule)	J	$N\,m\;(=kg\,m^2\,s^{-2})$
仕事率	ワット (watt)	W	$J\,s^{-1}$
電荷	クーロン (coulomb)	C	$A\,s$
電位差	ボルト (volt)	V	$J\,C^{-1}\;(=kg\,m^2\,s^{-3}\,A^{-1})$
電気抵抗	オーム (ohm)	Ω	$V\,A^{-1}\;(=kg\,m^2\,s^{-3}\,A^{-2})$
電気容量	ファラド (farad)	F	$C\,V^{-1}$
伝導度	シーメンス (siemens)	S	$A\,s\,V^{-1}$
周波数	ヘルツ (hertz)	Hz	s^{-1}

表 2.3 16のSI接頭語と物理量の大きさ（太字は特に重要）

大きさ	接頭語	記号	長さ	質量	時間
10^{18}	エクサ (exa)	E	銀河系の直径（約1000 Em）		
10^{15}	ペタ (peta)	P			地球の歴史（約145 Ps）
10^{12}	テラ (tera)	T			
10^{9}	ギガ (giga)	G	地球の直径（約1.4 Gm）		
10^{6}	**メガ (mega)**	**M**		恐竜（ブロントザウルス）の質量（約30 Mg）	
10^{3}	**キロ (kilo)**	**k**			地球の自転周期（86.4 ks）
10^{2}	ヘクト (hecto)	h			
10^{1}	デカ (deca)	da			
10^{-1}	デシ (deci)	d	1 L = 1 dm³（体積）		
10^{-2}	**センチ (centi)**	**c**			
10^{-3}	**ミリ (milli)**	**m**		雨滴の質量（約1 mg）	
10^{-6}	**マイクロ (micro)**	**μ**	ホ乳類の卵の直径（約100 μm）		
10^{-9}	**ナノ (nano)**	**n**			蛍光の寿命（約1 ns）
10^{-12}	ピコ (pico)	p			
10^{-15}	フェムト (femto)	f	水素核の半径（約1.2 fm）		
10^{-18}	アト (atto)	a			

利用し，単位の妥当性から計算結果の信憑性も確認できる．例えば，時速 $4.0\,km\,h^{-1}$ の速度で 2.0 時間歩いた距離は，

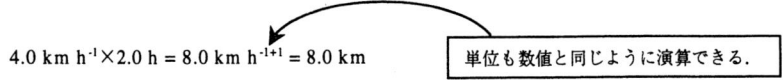

$$4.0\,km\,h^{-1} \times 2.0\,h = 8.0\,km\,h^{-1+1} = 8.0\,km$$

単位も数値と同じように演算できる．

と計算でき，さらに，単位が確かに長さの**次元**（dimension）として求められているので，この計算の考え方も妥当であることがわか

る．また，指数や対数などの引数（argument）の次元は，数の次元にしなくてはならない．例えば，温度 T の対数を示すときは，
$$\log(T/\mathrm{K})$$
のように書き，$\log(T)$ とは書かない．

> T が物理量であることを示すために斜体で書く．さらに T が温度の次元を持っているので，数の次元にするためケルビン（K）で割る．

例題 2.1（SI 単位間の変換） $9.0\times10^2\,\mathrm{km\,h^{-1}}$ で移動している飛行機の速さを $\mathrm{m\,s^{-1}}$ の単位で表せ．

解） 単位間の関係は次のようである．
$$1\,\mathrm{km}=10^3\,\mathrm{m}$$
$$60\,\mathrm{s}=1\,\mathrm{min}$$
$$60\,\mathrm{min}=1\,\mathrm{h}$$

> 単位換算の係数は，有効数字が無限の数と考える．

これらの関係を使って不要な単位を消去する．
$$9.0\times10^2\,\mathrm{km\,h^{-1}}=9.0\times10^2\times(10^3\,\mathrm{m})\times(60\,\mathrm{min})^{-1}$$
$$=1.5\times10^4\,\mathrm{m\,min^{-1}}$$
$$=1.5\times10^4\,\mathrm{m}\times(60\,\mathrm{s})^{-1}$$
$$=0.025\times10^4\,\mathrm{m\,s^{-1}}$$
$$=2.5\times10^2\,\mathrm{m\,s^{-1}}$$

←有効数字は 2 桁

例題 2.2（比重と密度の計算） 麻酔剤として使われるクロロホルムの比重は 1.498 である．クロロホルムの密度を $\mathrm{g\,cm^{-3}}$ と $\mathrm{kg\,m^{-3}}$ の単位で示せ．ただし，水の密度は $1.00\,\mathrm{g\,cm^{-3}}$ または $1.00\times10^3\,\mathrm{kg\,m^{-3}}$ とする．

解） **密度**（density, d）とは物体の質量と体積の比率で単位をもっている．一方，**比重**（specific gravity）は**相対密度**（relative density）ともよばれ，物質の密度と水の密度の比と定義されているので，特定の単位はない．定義により，
$$1.498=[d(\text{クロロホルム})/d(\text{水})]$$
$$d(\text{クロロホルム})=1.498\times d(\text{水})$$
$$=1.498\times(1.00\,\mathrm{g\,cm^{-3}})$$
$$=1.50\,\mathrm{g\,cm^{-3}}$$
または，
$$d(\text{クロロホルム})=1.498\times(1.00\times10^3\,\mathrm{kg\,m^{-3}})$$
$$=1.50\times10^3\,\mathrm{kg\,m^{-3}}$$

2.2.2 温　度

温度の SI 基本単位はケルビン（K）であるが，日常生活に関係の深い現象を扱う時には，1742 年にセルシウス（A. Celsius）によってはじめられた摂氏目盛り（℃）を用いた方が一般的である．摂氏目盛りでは，1 気圧での水の氷点を 0℃，沸点を 100℃ として目盛りが刻まれている．目盛りの 1 度の単位の大きさはケルビンの 1 度と同じである．したがって，**ケルビン温度**と**摂氏温度**の関係は次のようになる．

$$\mathrm{K}=\text{℃}+273.15$$

> **温度の定点：**
> 1 気圧での氷の氷点は 0.00℃（273.15 K），沸点は 100.00℃ である．しかし，気圧を下げていくと水の沸点はどんどん下がり，遂には沸点と凝固点が一致した温度と圧力（三重点という）となる．この状態での圧力は 0.611 Pa（$=6.03\times10^{-3}\,\mathrm{atm}=4.58\,\mathrm{mmHg}$），温度は 0.01℃（273.16 K）で，この温度が温度の定点としている（p.62 参照）．

ケルビン目盛りでは水の氷点は273.15 Kで，0 Kすなわち－273.15℃は気体の体積と温度に関する関係式（シャルルの法測，第3章参照）から得られた．気体を冷却したとき，気体の体積はケルビン温度に反比例して減少するが，もし，それらの気体が凝縮せずに一定の割合で減少するとして，体積が0になる温度が0 Kである．

古い書物に見られる温度単位℉は，華氏温度で，提唱者のドイツ人ファーレンハイトの中国語表記である華倫海に由来している．この目盛りでは，水，氷，塩の混合体で得られる最も低い温度を0℉（約－18℃），人体の体温を96℉（約36℃）としている．

2.2.3 エネルギーの単位

エネルギーの単位としては**ジュール**（J）を用いるが，もともとの単位は**カロリー**（cal）で，1 calは「15℃の水1 gを1℃だけ上げるのに必要な熱量」と定義された．カロリーは現在でも食品に含まれるエネルギーなどを表すのによく使われており，食事のメニューに500 Calと書かれていたら，その食物を食べると代謝エネルギーとして500 kcalのエネルギーを摂取することになる．1 calは4.184 Jとされる．

メートルとキログラム

現在の1メートル（m）という長さは，フランス革命前後にフランスで決められた．不滅の自然物を単位の基準にしようということから，地球の赤道から極までの長さの1000万分の1が選ばれた．フランス人のドランブル（J. B. Delamble）とメシャン（P. F. A. Méchan）が1秒まで正確に測定できる反転式の測角器を用い，6年の歳月をかけて三角測量によりフランス北端に位置するダンケルクからパリを通ってバルセロナにいたる子午線の弧を測量し，赤道から極までの距離を決め，1メートルとよばれる新しい長さの単位が決められた．長さが決まったので，次に，1立方デシメートルの最大密度の水の重さが測定され，これを1キログラムとした．水の密度測定は，初め著名な化学者であるラボアジェ（A. L. Lovoisier）とアユイ（R. J. Hauy）が担当したが，ラボアジェがフランス革命でギロチンにかけられたので，ファブローニ（G. V. M. Fabroni）らが引き継いで完了させた．

その後，測量技術の進歩により，当初に定めた1 mは，子午線象限（子午線上の4分円）の1000万分の1でないことがわかってきた．現在では，最初のメートル原器の長さを尊重し，これに最も近くなるよう，1983年に「299792458分の1秒間に光が真空中を伝わる行程の長さ」と決められた．結局，「不滅の自然物を単位の基準にしよう」という当初の目的が達成されたことになる．質量については国際度量衡局に保管されている世界にただ1個しかない国際キログラム原器を標準とし，参照原器として作られた6個の証器と600年に1度の間隔で比較検証されている．1リットル（L）という単位は「1 kgの水の最大密度における体積」と定義されていたので，厳密には1 L=1.000028 dm^{3}であったが，1964年に1 L=1 dm^{3}と定義されなおされた．

例題 2.3（比熱を用いた計算） 25°Cの鉄 5.0 g を加熱し，鉄の温度を融点（1535°C）まで上げるためには何 J 必要か．鉄の比熱容量は $0.452\,\mathrm{J\,g^{-1}\,K^{-1}}$ とする．

解）**比熱容量**（specific heat capacity，単に**比熱**ともいう）とは「物質 1 g あるいは 1 mol の温度を 1°C 上げるのに必要な熱量」である．水の比熱は $4.184\,\mathrm{J\,g^{-1}\,K^{-1}}$ で，ほかの多くの物質の比熱はこれよりも小さい．定義から，求める熱エネルギーは（鉄の質量）×（比熱）×（温度変化）となるので，

$$(5.0\,\mathrm{g}) \times (0.452\,\mathrm{J\,g^{-1}\,K^{-1}}) \times (1510\,\mathrm{K}) = 3.4\,\mathrm{kJ}$$

と求められる．さらに鉄を全部融かすためには，融解熱に相当する熱エネルギー（鉄 1 g 当たり 270 J）が必要である．

カロリーとジュール

1842 年にドイツ人マイヤー（J. R. Meyer）は，水をかき回すと熱が発生することを報告し，仕事（力×長さ）は確かにエネルギーに変換されることを示した．これを読んだイギリス人ジュール（J. P. Joule）は「熱と力学的な力を絶対数で結び付ける」ことを自分の使命とし，図に示すような滑車と水車を用いて，772 ポンドのおもりが 1 フィート落下することにより水車が回り，1 ポンドの水が華氏で 1 度上がると報告した．この力学的な仕事は 772 フィートポンドで，これを SI 単位で換算すると，1 g の水の温度を 1 K 上げるのに必要な熱量（1 cal）は $4.15\,\mathrm{kg\,m\,s^{-2}}$（4.15 J）となる．現在では 1 cal＝4.184 J とされているが，細心の注意を払ったとはいえ，当時に，滑車と水車および華氏 200 分の 1 度まで温度の上昇をはかれる温度計を用いた実験の精度に驚かされる．

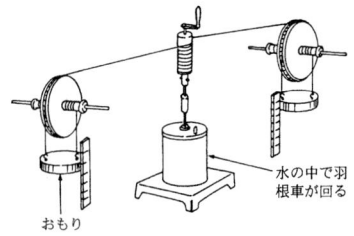

図 ジュールが熱の仕事当量を測定するのに用いた装置（1847 年），原康夫：「詳解物理学」，東京教学社，1991．

2.3 モ　ル

物質の量は，日常生活では，測定の容易な質量（単位は kg）や体積（$\mathrm{m^3}$）で表される．しかし，化学では物質が原子や分子から成り立っていて，それらが一定の数の比で結合したり，分裂したりすることに基づいた単位の方が便利である．そこで，物質の量は物質量とよばれ，モルという単位で表される．

2.3.1 物質量とモル

物質量は物質の量を表す物理量である．SI 単位系では物質量の

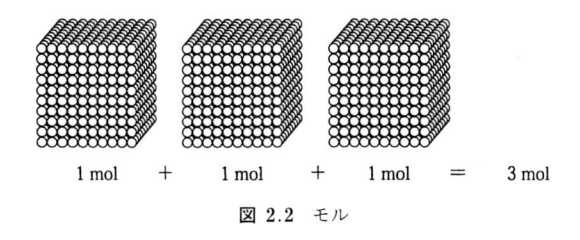

図 2.2 モル

1 モルの物質とは，例えば，1 ダースの鉛筆というようなものである．1 ダースは 12 本であるが，1 モルは 6.0221367×10^{23} 個である．

物質量 1 mol は日常的に取り扱う質量（数 g から数十 g）の物質に含まれる原子や分子の数を基礎として定められた．

単位はモル（記号は mol）である．1 mol は「質量数 12 の炭素原子（^{12}C）からできている物質 0.012 kg に含まれる炭素原子の数（これを**アボガドロ定数** Avogadro's number という）と同数の単位粒子を含む物質の量」として定義される．

アボガドロ定数の値は 6.0221367×10^{23} 個/mol とされている．単位粒子とは原子，分子または最小の構成単位となる原子の集まりをいう．例えば，アルミニウム金属の単位粒子はアルミニウム原子であり，アルミニウム金属 1 mol は 6.0221367×10^{23} 個のアルミニウム原子を含む．水 1 mol は 6.0221367×10^{23} 個の水分子 H_2O を含む．

塩化ナトリウム，酸化アルミニウム，および二酸化ケイ素などは NaCl，Al_2O_3，SiO_2 などの分子からできているわけではない．その場合には，組成式で表される単位粒子を考える．塩化ナトリウムの単位粒子は NaCl であり，塩化ナトリウム 1 mol は，アボガドロ定数を有効数字 3 桁の数で表すと，6.02×10^{23} 個のナトリウムイオン Na^+ と同数の塩化物イオン Cl^- を含む．

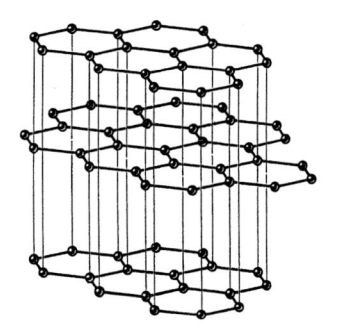

図 2.3 グラファイトの構造

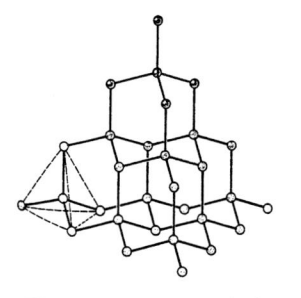

図 2.4 ダイヤモンドの構造

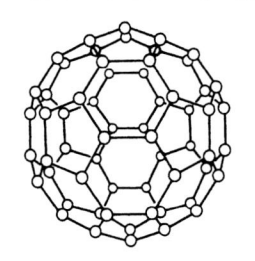

図 2.5 フラーレン分子（C_{60}）の構造

例題 2.4（物質量 その 1） 二酸化ケイ素（SiO_2，シリカとも呼ばれ，天然には水晶や石英などがある）の単位粒子は何か．二酸化ケイ素 1 mol は，それぞれ何個のケイ素原子と酸素原子を含むか．有効数字 3 桁の数で表せ．

解） 二酸化ケイ素は，ダイヤモンドの構造中の炭素原子をケイ素原子で置き換え，隣りあう 2 つのケイ素原子の中間に酸素原子を挿入した構造，すなわち酸素原子により結合したケイ素原子の正四面体網目構造を持つ．結晶中には SiO_2 という分子は存在しないが，組成式が SiO_2 なので，単位粒子は SiO_2 である．したがって，二酸化ケイ素 1 mol は 6.02×10^{23} 個のケイ素原子と 1.20×10^{24} 個の酸素原子を含む．

例題 2.5（物質量 その 2） ダイヤモンド 1 mmol は何個の炭素原子を含むか．

解） ダイヤモンドの単位粒子は炭素原子である．1 mmol = 10^{-3} mol である．したがって，
$$6.02 \times 10^{23} \times 10^{-3} = 6.02 \times 10^{20} \text{ 個}$$
の炭素原子を含む．

例題 2.6（物質量 その 3） フラーレンの微粒子 1 個がフラーレン分子（C_{60}）1000 個からできているとすると，その物質量はいくらか．

解） フラーレンの単位粒子はフラーレン分子（C_{60}）である．求める物質量は
$$1000 \div (6.02 \times 10^{23}) = 1.66 \times 10^{-21} \text{ mol}$$
である．

物質の量は物質量で表すのが自然であるが，実際に物質を合成したり反応させたりする場合には，化学天秤で質量をはかることになる．

2.3.2 モル質量

物質 1 mol の質量をいう．単位は $\mathrm{g\,mol^{-1}}$ である．ダイヤモンドのモル質量は有効数字 3 桁で表すと $12.0\,\mathrm{g\,mol^{-1}}$ である．水のモル質量は有効数字 3 桁で表すと $18.2\,\mathrm{g\,mol^{-1}}$ である．塩化ナトリウム 1 mol の質量は有効数字 3 桁で表すと 58.4 g である．

> **例題 2.7**（モル質量 その 1） 鉄のモル質量はいくらか．有効数字 3 桁で答えよ．
> **解**） 鉄の原子量は有効数字 3 桁で表すと，四捨五入して 55.8 である．したがって，モル質量は $55.8\,\mathrm{g\,mol^{-1}}$ である．

> **例題 2.8**（モル質量 その 2） 硝酸カリウム（KNO_3）2 mol の質量はいくらか．
> **解**） 硝酸カリウム KNO_3 の基本粒子は KNO_3 であり，式量は 101 であるので，モル質量は $101\,\mathrm{g\,mol^{-1}}$ である．2 mol の質量は $101\times 2=202$ g である．

アボガドロ定数の測定

アボガドロ定数は原子・分子の世界と日常の世界を結ぶ基本的な量であるので，種々の方法により測定が行われている．以下に例を挙げる．

(1) **結晶の密度と単位格子の長さの測定** 結晶にX線をあてて，反射してくるX線を測定する方法（X線回折法という）によると，結晶の単位格子の大きさと，その中に含まれるすべての原子がわかる．いま，単位格子が立方体で，その 1 辺の長さを a とする．この単位格子に含まれるすべての原子の原子量の総和を M，アボガドロ定数を N_A とすると，その質量は M/N_A となる．これを単位格子の体積 a^3 で割ると，密度が $M/(N_A a^3)$ となる．これを結晶の密度の測定値 d に等しいとおいて（M, a, d は既知），アボガドロ定数 N_A が求められる．

(2) **電気素量から求める方法** 電気分解の実験において，1 mol の物質を分解するのに必要な電気量の測定値から電子 1 mol の電気量 F（ファラデー）が求められる．また，有名なミリカン（R. A. Millikan）の油滴の実験から，電子 1 個がもつ電気量 q（電気素量と呼ばれる）が求められる．アボガドロ定数 N_A は F/q に等しい．

(3) **ラジウムのアルファ線からヘリウムが生成する速度の測定** ラジウム 1 g の放射能の測定からアルファ粒子が毎秒 3.70×10^{10} 個，放出されることがわかる．このアルファ粒子は電子を捉えてヘリウム原子になる．t 秒間に集められたヘリウム気体は $3.70\times 10^{10} t/N_A$ mol であるから，温度 T，圧力 P の状態でその体積 V は，理想気体の状態方程式から $3.70\times 10^{10} tRT/(N_A P)$ となる．t, V, T, P は測定値，気体定数 R は既知として，アボガドロ定数が計算できる．

このほかに (4) 単分子膜の面積の測定，(5) 気体の拡散の実験，(6) コロイド粒子の高さによる粒子数分布の測定，(7) コロイド粒子のブラウン運動における変位の測定，などがある．これらのうち，(1) の方法が最も正確とされている．

例題 2.9（モル質量 その3） 1カラット（200 mg）のダイヤモンドは何 mol か．有効数字3桁で答えよ．
解） ダイヤモンドのモル質量は $12.0\,\mathrm{g\,mol^{-1}}$ である．$0.200\,\mathrm{g} \div 12.0\,\mathrm{g/mol} = 0.0167\,\mathrm{mol}$ である．これは $16.7\,\mathrm{mmol}$ とも書く．

2.4 濃　　度

2種類以上の成分を含み，かつ，その成分の比が変わりうる混合物（塩水，砂糖水，コーヒーなど）では，成分の割合を表わすことが必要になる．例えば，海水中の塩濃度は3%であるとよくいわれる．

このように日常生活では，物質の量は質量で表されるので，濃度は各成分の質量の比や百分率（パーセント）で表される．

2.4.1 質量パーセント濃度

注目する1つの成分の質量と混合物の全質量の比を百分率で表した濃度で，単位はパーセント（記号は%）で表される．

$$\text{質量パーセント濃度 (\%)} = \frac{\text{1つの成分の質量 (g)}}{\text{混合物の全質量 (g)}} \times 100$$

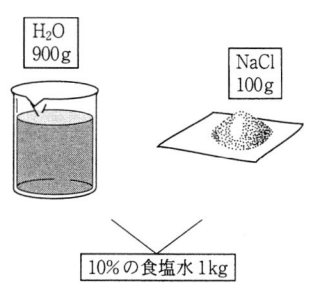

図 2.6 質量パーセント濃度

例題 2.10（質量パーセント濃度 その1） 20℃における塩化ナトリウムの飽和水溶液の質量パーセント濃度を計算せよ．
解） 溶解度は水 100 g に溶ける溶質の最大質量で表される．塩化ナトリウムの20℃における溶解度は 35.8 g である．したがって，質量パーセント濃度は $35.8\,\mathrm{g} \times 100 \div (35.8\,\mathrm{g} + 100\,\mathrm{g}) = 26.4\%$ である．

傷の消毒に使われるオキシドールは3%の過酸化水素水である．

例題 2.11（質量パーセント濃度 その2） 市販の過酸化水素水（H_2O_2, 質量パーセント濃度30%）100 mL 中の過酸化水素の質量はいくらか．
解） 市販の過酸化水素水の密度は 20℃ で $1.11\,\mathrm{g\,mL^{-1}}$ である．過酸化水素水 100 mL の質量は $1.11\,\mathrm{g\,mL^{-1}} \times 100\,\mathrm{mL} = 111\,\mathrm{g}$ である．過酸化水素の質量は $111\,\mathrm{g} \times (30/100) = 33.3\,\mathrm{g}$ となる．

例題 2.12（質量パーセント濃度 その3） 市販の濃硫酸（H_2SO_4 水溶液，質量パーセント濃度95%）500 mL 中の硫酸の質量は何 g か．ただし，濃硫酸の密度は 20℃ で $1.84\,\mathrm{g\,mL^{-1}}$ である．
解） 濃硫酸 500 mL の質量は 920 g である．このうち，硫酸の質量は $920 \times 0.95 = 874\,\mathrm{g}$ である．

ppm, ppb と ppt

ごく微量に含まれる成分の濃度を質量パーセント濃度で表すと，0がたくさん続いて不便である．そこで単位 ppm や ppb が用いられる．

単位 ppm は parts per million の略であり 100 万分の 1 を, ppb は parts per billion の略であり 10^9 分の 1 を, ppt は parts per trillion の略であり 10^{12} 分の 1 を表す. 重さの比と体積の比の両方に用いられ, 重さ (weight) の比には記号 (w/w) を, 体積 (volume) の比には記号 (v/v) を付加する.

強い酸化作用を持つ排水中の六価クロムの許容濃度は 0.05 ppm (w/w) 以下と, 光化学スモッグの原因となる大気中の二酸化窒素の許容濃度は 0.06 ppm (v/v) 以下とされている.

> 重さと質量は地表の同じ地点では比例するので, 質量の比を考えてもよい.

> 許容濃度はしばしば改定され, その取り扱いには注意を要する.

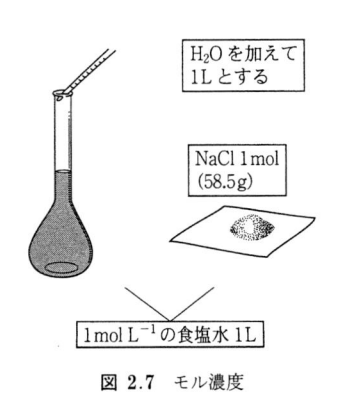

高感度分析法と元素普存説

極微量物質の高感度分析法としては放射化分析 (物質に中性子をぶつけて, 出てくる放射線を測定する方法), 蛍光 X 線分析 (物質に X 線をあてたときに出てくる, 別の X 線を測定する方法), 原子吸光分析 (物質を高温で原子に分解し, 原子による光の吸収を測定する方法), 誘導結合プラズマ発光分析 (物質をプラズマ中でイオンにし, イオンから出てくる蛍光を測定する方法), 誘導結合プラズマ質量分析 (ICPMS と略記され, 物質をプラズマ中でイオンにし, イオンをその質量にしたがって分け, イオンを測定する方法) などが用いられる. 各方法の検出限界は元素の種類や状態にも依存するが, $10^{-7} \sim 10^{-12}$ (w/w) の範囲である. ICPMS は最も感度が高い分析法である.

元素普存説とは「いかなる岩石や鉱物中にも微量ながらすべての元素が含まれている」とする説であり, 化学者ノダック (W. K. F. Noddack) により唱えられた. 拡張元素普存説とは「岩石や鉱物ばかりでなく, いかなる植物や動物中にも微量ながらすべての元素が含まれている」とする説で, 日本の原口紘炁により唱えられた.

2.4.2 モル濃度

化学では物質の量として物質量 (単位はモル mol) が用いられることは前に述べた. そこで, 濃度も, 溶液ではモル濃度, 固体混合物 (固溶体) では質量モル濃度が用いられる. この区別は溶液では体積がはかりやすく, 固体では質量がはかりやすいことに基づいている.

モル濃度 (morality) は, 溶液 1 L に含まれる溶質の物質量を示し, 単位は mol L^{-1} であるが, M (モラーと読む) という特別の記号も用いられる.

$$\text{モル濃度 (mol L}^{-1}) = \frac{\text{溶質の物質量 (mol)}}{\text{溶液の体積 (L)}}$$

体積 1 L 中に 58.5 g の塩化ナトリウムを含むの塩化ナトリウム水溶液のモル濃度は 1 mol L^{-1} である. 1 mol L^{-1} のショ糖の水溶液 100 mL は 34.2 g のショ糖を含む.

図 2.7 モル濃度

例題 2.13（モル濃度 その1） 市販の濃硫酸（質量パーセント濃度 95%）のモル濃度はいくらか．

解） 濃硫酸の密度は $1.84\,\mathrm{g\,mL^{-1}}$ である．濃硫酸 1 L の質量は $1.84\,\mathrm{g\,mL^{-1}} \times 1000\,\mathrm{mL} = 1840\,\mathrm{g}$ である．このうち硫酸の質量は $1840\,\mathrm{g} \times 0.95 = 1748\,\mathrm{g}$ である．この硫酸の物質量は，モル質量 $98.1\,\mathrm{g\,mol^{-1}}$ で割って，$1748\,\mathrm{g} \div 98.1\,\mathrm{g\,mol^{-1}} = 17.8\,\mathrm{mol}$ である．濃硫酸のモル濃度は 17.8 M となる．

例題 2.14（モル濃度 その2） 濃塩酸（18.0 M）の質量パーセント濃度を計算せよ．

解） 濃塩酸の密度は $1.19\,\mathrm{g\,mL^{-1}}$ である．濃塩酸 1 L は，塩酸のモル質量が $36.5\,\mathrm{g\,mol^{-1}}$ であるから，$36.5\,\mathrm{g\,mol^{-1}} \times 18.0\,\mathrm{mol} = 657\,\mathrm{g}$ の塩酸を含む．濃塩酸 1 L の質量は $1.19\,\mathrm{g\,mL^{-1}} \times 1000\,\mathrm{mL} = 1190\,\mathrm{g}$ である．濃塩酸の質量パーセント濃度は $(657\,\mathrm{g} \div 1190\,\mathrm{g}) \times 100 = 55.2\%$ となる．

例題 2.15（モル濃度 その3） 0.1 M の塩化カリウム（KCl）水溶液 1 L を作る方法を述べよ．

解） 塩化カリウムのモル質量は $74.6\,\mathrm{g\,mol^{-1}}$ である．したがって，塩化カリウム 7.46 g をはかりとり，水を加えて体積を 1 L とする．

pH

pHのpはpower（指数の意）の頭文字である．

溶液中の水素イオン濃度はその化学的性質にとって重要である（p. 91）．水素イオン濃度はモル濃度で表してもよい．しかし，溶液の種類により大きな範囲で変化するので，その対数（常用対数）をとり，かつ－（マイナス）の符号を付けて正の値で表現するのが普通である．その値は頭に pH という記号を付けて書かれる．

$$\mathrm{pH} = -\log_{10}\{水素イオン濃度(\mathrm{mol\,L^{-1}})\}$$

たとえば，水素イオン濃度が $0.1\,\mathrm{mol\,L^{-1}}$ の溶液は，$-\log 0.1 = 1$ であるので，pH 1 である．酸性雨には pH 4.5 程度のものがある．

pH の測定には pH メーター（図 2.8）が使われる．測定溶液中の水素イオン濃度に依存してガラス電極に発生する起電力を，電池の起電力として測定する．

例題 2.16（pH その1） $1\,\mathrm{mmol\,L^{-1}}$ の塩酸の pH はいくらか．

解） 塩酸のモル濃度は $10^{-3}\,\mathrm{mol\,L^{-1}}$ である．塩酸は強酸であり，かつ濃度が低いから，完全に電離していると考えられる．したがって，水素イオン濃度も $10^{-3}\,\mathrm{mol\,L^{-1}}$ である．塩酸の pH は $-\log 10^{-3} = 3$ となる．

例題 2.17（pH その2） pH 4.5 の酸性雨の水素イオン濃度を求めよ．

解） 水素イオン濃度を $x\,\mathrm{mol\,L^{-1}}$ とすると，$4.5 = -\log x$ が成り立つ．
$x = 10^{-4.5} = 3.16 \times 10^{-5}\,\mathrm{mol\,L^{-1}}$ である．

2.4.3 質量モル濃度

溶液の濃度をモル濃度で表すことは，溶液の体積がはかりやすいことと関係している．溶媒が常温で固体の場合には，体積ははかりにくく，質量の方がはかりやすい．この場合に用いられるのが質量モル濃度である．

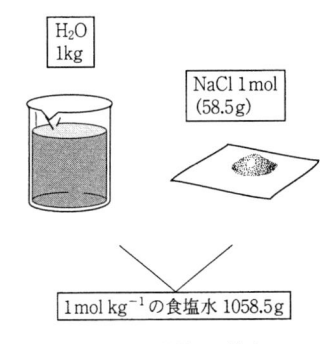

質量モル濃度は，溶媒 1 kg 中に含まれる溶質の物質量を示し，単位は mol kg^{-1} である．

固体混合物のほか，溶液にも用いられる．凝固点降下法による分子量の測定ではナフタレン（$C_{10}H_8$）などの固体を溶媒として用いる場合がある．

$$\text{質量モル濃度（mol kg}^{-1}) = \frac{\text{溶質の物質量（mol）}}{\text{溶媒の質量（kg）}}$$

例題 2.18（質量モル濃度 その 1） 20°C における塩化ナトリウムの飽和水溶液の質量モル濃度を求めよ．
解） 溶解度の表から，水 100 g に塩化ナトリウムは 20°C で 35.8 g 溶けることがわかる．したがって，水（溶媒）1 kg には 358 g 溶ける．この質量の塩化ナトリウムの物質量は 358 g ÷ 58.4 g mol^{-1} = 6.13 mol である．質量モル濃度は 6.13 mol kg^{-1} である．

例題 2.19（質量モル濃度 その 2） 質量モル濃度 0.100 mol kg^{-1} の水酸化ナトリウム（NaOH）水溶液の質量パーセント濃度を求めよ．
解） 水酸化ナトリウムのモル質量は 40.0 g mol^{-1} であるから，0.100 mol は 4.00 g である．質量パーセント濃度は 4.00 g × 100 ÷ (1000 g + 4.00 g) = 0.398% である．

例題 2.20（質量モル濃度 その 3） 10% 塩化ナトリウム水溶液の質量モル濃度を求めよ．
解） その水溶液 100 g は塩化ナトリウム 10 g と水 90 g からなる．水 1 kg に溶ける塩化ナトリウムは 10 g × (1000/90) = 111 g であり，これは物質量 1.90 mol にあたる．したがって，質量モル濃度は 1.90 mol kg^{-1} である．

2.4.4 モル分率

モル濃度や質量モル濃度は，溶質の量には物質量が用いられているが，溶媒や溶液の量には日常の体積や質量の単位が用いられている．これでは真に化学的な濃度とはいえない．しかし，モル分率という真に化学的な濃度の表し方がある．

モル分率は 1 つの成分の物質量の各成分の物質量の和に対する比を示す．全成分のモル分率の和は 1 である．

$$\text{モル分率} = \frac{1 \text{ つの成分の物質量（mol）}}{\text{各成分の物質量の和（mol）}}$$

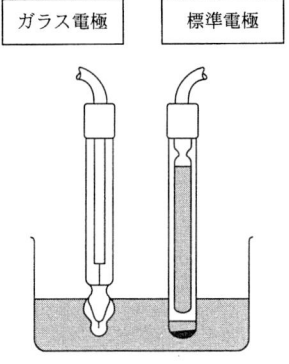

図 2.8 pH メーター

図 2.9 質量モル濃度

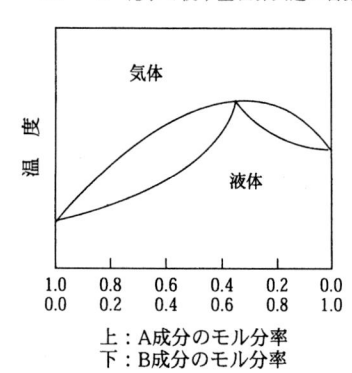

図 2.10 混合液体の沸点
上：A成分のモル分率
下：B成分のモル分率

モル分率は理論的な考察に適している．例えば，混合物の融点，沸点など，熱化学的性質の濃度変化を表すにはモル分率が用いられる．図 2.10 は A，B，2 成分溶液の沸点がそれぞれのモル分率に対して表されている．

例題 2.21（モル分率 その 1） 市販のアンモニア水は 30.0% のアンモニアを含む．アンモニアのモル分率を求めよ．
解） アンモニア水 100 g は 30 g のアンモニアと 70 g の水からなる．それぞれのモル質量は $17.0\,\mathrm{g\,mol^{-1}}$ と $18.0\,\mathrm{g\,mol^{-1}}$ である．それぞれの物質量は $30.0\,\mathrm{g} \div 17.0\,\mathrm{g\,mol^{-1}} = 1.76\,\mathrm{mol}$，$70.0\,\mathrm{g} \div 18.0\,\mathrm{g\,mol^{-1}} = 3.89\,\mathrm{mol}$ である．アンモニアのモル分率は $1.76\,\mathrm{mol}/(1.76\,\mathrm{mol} + 3.89\,\mathrm{mol}) = 0.312$ である．

例題 2.22（モル分率 その 2） ベンゼン（C_6H_6）とクロロホルム（$CHCl_3$）は混じりあって溶液になる．ベンゼンのモル分率 0.500 の，この溶液のベンゼンの質量パーセント濃度を求めよ．
解） ベンゼンとクロロホルムのモル質量はそれぞれ $78.1\,\mathrm{g\,mol^{-1}}$ と $119.4\,\mathrm{g\,mol^{-1}}$ である．溶液 1 mol 中のベンゼンとクロロホルムの質量はそれぞれ 39.1 g と 59.7 g である．ベンゼンの質量パーセント濃度は $39.1\,\mathrm{g} \times 100/(39.1\,\mathrm{g} + 59.7\,\mathrm{g}) = 39.6\%$ である．

例題 2.23（モル分率 その 3） 金属の接合に用いられる「はんだ」は鉛とスズの混合物であり，鉛 38%，スズ 62% の組成のものが最も融点が低い．このはんだのモル分率を計算せよ．
解） はんだ 100 g は鉛 38.0 g とスズ 62.0 g を含む．それらは各々 0.183 mol と 0.522 mol に相当する．したがって，鉛のモル分率は $0.183\,\mathrm{mol}/(0.183\,\mathrm{mol} + 0.522\,\mathrm{mol}) = 0.260$，スズのモル分率は $0.522\,\mathrm{mol}/(0.183\,\mathrm{mol} + 0.522\,\mathrm{mol}) = 0.740$ である．0.260 と 0.740 を加えると 1 になるので，計算に間違いがないことがわかる．

2.4.5 体積パーセント濃度

気体では質量を測るよりも体積を測る方がやさしいので，体積パーセント濃度が用いられる．

体積パーセント濃度は，ある 1 つの成分の体積の各成分の体積の和に対する百分率を示している．

$$\text{体積パーセント濃度 (\%)} = \frac{1\,\text{つの成分の体積 (L)}}{\text{各成分の体積の和 (L)}} \times 100$$

この場合，温度と圧力は等しくして比較しなければならない．理想気体の状態方程式が成り立てば，体積の比は物質量の比に等しくなる．

空気は体積パーセントで窒素 78.1%，酸素 21.0%，アルゴン 0.9% を含む（水蒸気の量は一定でないので，除いて考える）．空

気中の炭酸ガス濃度は約 0.03%(v/v)，または約 300 ppm(v/v) であるが，年々わずかずつ増加している．都市の空気中の一酸化炭素 CO の濃度は 0.1 ppm(v/v) 程度である．

3 化学で使う全世界共通の言葉　その2

——化合物の命名法と身近な化合物

CO，CO_2などの酸化物やKCNなどのシアン化物，$CaCO_3$などの炭酸塩は普通無機化合物として取り扱われる．

物質は第1章で説明した多くの基本粒子が集まってできている．これらを区別するために，それらを化学的な性質が似ているグループに分類して，各化合物に系統的な名前を付けると大変便利である．世界中で使う化合物の名前を統一するため，IUPACは**有機化合物**（あるいは**有機物**；organic compounds）と**無機化合物**（あるいは**無機物**；inorganic compounds）について，それぞれ「望ましい命名法の勧告」という形で化合物の体系的な命名法を提案し，世界的にこの命名法を採用する方向にある．一般的には炭素を含む化合物を有機化合物，炭素以外の元素からなる化合物を無機化合物という．

3.1 無機化合物

無機化合物は**イオン性化合物**と**分子性化合物**とに分類される．イオン性化合物では，クーロン力によって多くの原子が寄り集まって結晶を形成するが，分離した明瞭な分子を含まない．そこでイオン化合物の化学式を示す時には，分子式ではなく構成成分の組成比を示した組成式で表す．一方，分子性化合物では各原子は共有結合で結びついており，1つの分子を構成する成分の数が示される．

3.1.1 イオン性化合物

一般的には，周期表の中で互いに遠く隔たった金属と非金属を含む化合物をイオン性化合物とよぶ．例えば，1属のNaと17属のClから構成される塩化ナトリウムはイオン性化合物で，図3.1に示すような結晶を形成する．結晶の組成は，全体としてNaとClの比が1：1なので，組成式を用いてNaClと書く．このとき，1molは（NaCl）単位がアボガドロ数個ある量とする．

イオン化合物の名前は構成イオンの名前を用いて書く．陽イオン名は元素名の後に電荷数をローマ数字でカッコに入れて示し，最後にイオンの文字を付ける．例えばFe^{3+}はiron（Ⅲ）イオンと書く．陰イオン名は日本語では元素名中の'素'を除き，'化物イオン'

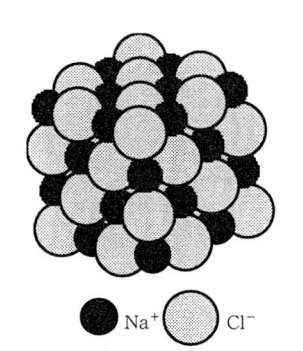

図 3.1 塩化ナトリウム NaClの結晶構造

●　Na^+　　○　Cl^-

イオン性化合物の組合わせ

周期表

1	2	3…	…	17	18
H			…		He
Li	Be	…	…	F	Ne
Na	Mg	…	…	Cl	K

3.1 無機化合物

表 3.1 単原子陰イオンの名前

元素名	イオン名	元素名	イオン名
フッ素 (fluorine)	→ F⁻ フッ化物イオン (fluoride)	水素 (hydrogen)	→ H⁻ 水素化物イオン (hydride)
塩素 (chlorine)	→ Cl⁻ 塩化物イオン (chloride)	硫黄 (sulfur)	→ S²⁻ 硫黄化物イオン (sulfide)
臭素 (bromine)	→ Br⁻ 臭化物イオン (bromide)	リン (phosphorus)	→ P³⁻ リン化物イオン (phosphide)
ヨウ素 (iodine)	→ I⁻ ヨウ化物イオン (iodide)	ヒ素 (arsenic)	→ As³⁻ ヒ化物イオン (arsenide)
酸素 (oxygen)	→ O²⁻ 酸化物イオン (oxide)	炭素 (carbon)	→ C⁴⁻ 炭化物イオン (carbide)
窒素 (nitrogen)	→ N³⁻ 窒化物イオン (nitride)	ケイ素 (silicon)	→ Si⁴⁻ ケイ化物イオン (silicide)

を付ける．例えば，Cl^- は塩化物イオンといい，塩素イオンとはいわない．ただし，水素は水と混同されないように水素化物イオンという．英語では -ine, -ygen, -ogen, -ur, -orus, -ic, -on などを -ide に代える．代表的な単原子陰イオン名を表 3.1 に示す．

イオン化合物の化学式を書くときは，初めに陽イオンを書き，次に陰イオンを書く．イオンが複数ある時は**アルファベット順**に並べる．イオン化合物の名前はイオン名から'イオン'を取った名前を用いて命名する．イオン名中の'物'は略す．

昔のイオン命名法：
多くの金属は1種以上の陽イオンを作れる．かつては電荷の大きい方に接尾語 -ic を付け，小さい方に -ous を付けた．例えば，鉄（元素名はラテン語で ferrum）は Fe^{2+} と Fe^{3+} のイオンを作れるので，ferric, ferrous として酸化数を区別した．この名前は，現在でもまだ，しばしば使われている．

例 3.1 イオン化合物の名前

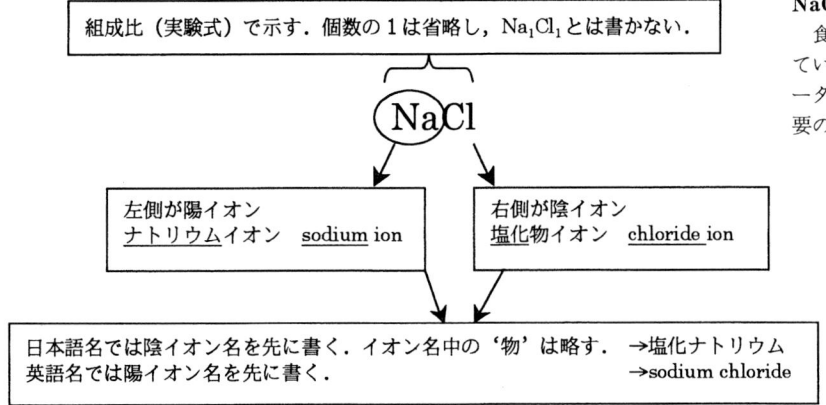

組成比（実験式）で示す．個数の1は省略し，Na_1Cl_1 とは書かない．

NaCl

左側が陽イオン ナトリウムイオン　sodium ion

右側が陰イオン 塩化物イオン　chloride ion

日本語名では陰イオン名を先に書く．イオン名中の'物'は略す．　→塩化ナトリウム
英語名では陽イオン名を先に書く．　→sodium chloride

NaCl：
食用として年に150万 t 使われているが，水酸化ナトリウムやソーダガラスなどの原料としての需要の方が多い．

例 3.2 イオン化合物の名前

ルビーやサファイヤなどの主成分である Al_2O_3 （通称アルミナと呼ばれる）の名前は，日本語の場合は酸化アルミニウム，英語の場合は aluminium oxide と命名する．Al（3価）や O（2価）の酸化数（p.17）に誤解を生ずる恐れがないので<u>二</u>酸化<u>三</u>アルミニウムと元素の個数を示さなくとも良い．

CaCl₂:
　塩カルとよばれ，乾燥剤，食品の防腐剤，あるいは豆腐製造におけるニガリの代わりなどに広く用いられている

例 3.3　イオン化合物の名前

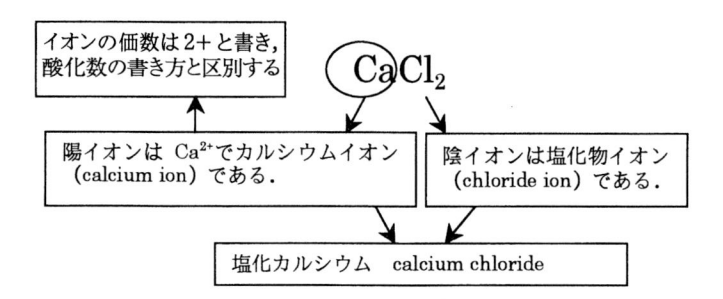

- イオンの価数は 2+ と書き，酸化数の書き方と区別する
- 陽イオンは Ca²⁺ でカルシウムイオン（calcium ion）である．
- 陰イオンは塩化物イオン（chloride ion）である．
- 塩化カルシウム　calcium chloride

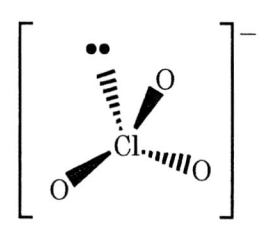

図 3.2　塩素酸イオン ClO₃⁻ の構造

3.1.2　多原子イオンを含むイオン性化合物

　多原子で構成されており，全体で1つのイオンとして働く物質がある．これを多原子イオンといい内部の原子は共有結合（p.14）で結合している．この中で，特に酸素を含むイオンの多くは**オキソ酸**（oxoacids）イオンとよばれ，多くの化学反応では，そのままの形を保つ．日本語名では元素名に酸を付け，英語名では語尾を -ate とする．代表的なオキソ酸イオンを表3.2に示す．1つの元素が2つのオキソ酸イオンを生ずる場合は，日本語名ではイオン名の頭に'過'を付け，少ない場合には'亜'を付ける．英語名の場合は，酸素の多い方の語尾を'-ate'，少ない方の語尾を'-ite'とする．これらより酸素の多い場合は per-，少ない場合は hypo- を語の頭に付ける（表3.2の塩素を参照）．酸素の数は明記しない．

　オキソ酸以外の代表的な多元子イオンを表3.3に示す．

　酸の名前は，日本語の場合は陰イオン名の'イオン'を取った名前

表 3.2　オキソ酸イオン

化学式	名　前	
ClO⁻	次亜塩素酸イオン	hypochlorite
ClO₂⁻	亜塩素酸イオン	chlorite（クロライト）
ClO₃⁻	塩素酸イオン	chlorate（クロレイト）
ClO₄⁻	過塩素酸イオン	perchlorate
BrO₃⁻	臭素酸イオン	chlorite
PO₄³⁻	リン酸イオン	phoshate
MnO₄²⁻	マンガン酸イオン	manganate*⁾
MnO₄⁻	過マンガン酸イオン	permanganate
CrO₄²⁻	クロム酸イオン	chromate
Cr₂O₇²⁻	二クロム酸イオン	bichromate
CO₃²⁻	炭酸イオン	carbonate**⁾
SO₄²⁻	硫酸イオン	sulfate（サルフェイト）**⁾
SO₃²⁻	亜硫酸イオン	sulfite（サルファイト）**⁾
NO₃⁻	硝酸イオン	nitrate**⁾
NO₂⁻	亜硝酸イオン	nitrite**⁾

　＊）化合物のみ知られ，遊離のイオンは知られていない．
＊＊）昔から慣用名がよく知られているので，日本語名では体系化せずに元素名に酸を付けないで用いる．

表 3.3 オキソ酸以外の代表的な多元子イオン

化学式	名前		化学式	名前	
NH_4^+	アンモニウムイオン	ammonium	CN^-	シアン化物イオン	cyanide
H_3O^+	ヒドロニウムイオン	hydronium	OH^-	水酸化物イオン	hydroxide

表 3.4 酸の名前

化学式	名前		化学式	名前	
HF	フッ化水素酸	hydrofluoric acid	H_2CO_3	炭酸	carbonic acid
HCl	塩化水素酸	hydrochloric acid	H_2SO_4	硫酸	sulfuric acid
HBr	臭化水素酸	hydrobromic acid	H_2SO_3	亜硫酸	sulfurous acid
HI	ヨウ化水素酸	hydroiodic acid	HNO_3	硝酸	nitric acid
HClO	次亜塩素酸	hypochlorous acid	HNO_2	亜硝酸	nitrous acid
$HClO_2$	亜塩素酸	chlorous acid	$HMnO_4$	過マンガン酸	permanganic acid
$HClO_3$	塩素酸	chloric acid	H_2CrO_4	クロム酸	chromic acid
$HClO_4$	過塩素酸	perchloric acid	$H_2Cr_2O_7$	二クロム酸	bichromic acid
H_3PO_4	リン酸	phoshoric acid			

であり，英語名は -ate を -ic acid, に代え，-ite を -ous acid とする．代表的な酸の名前を表 3.4 に示す．

例 3.4　異種多原子イオンを含むイオン化合物の名前

$PbCrO_4$

陽イオンは Pb(II) イオン

陰イオンは CrO_4^{2-}（クロム酸イオン）という多原子イオンで，Cr が中心原子となっているので Cr を最初に書く．

クロム酸鉛(II)　lead(II) chromate

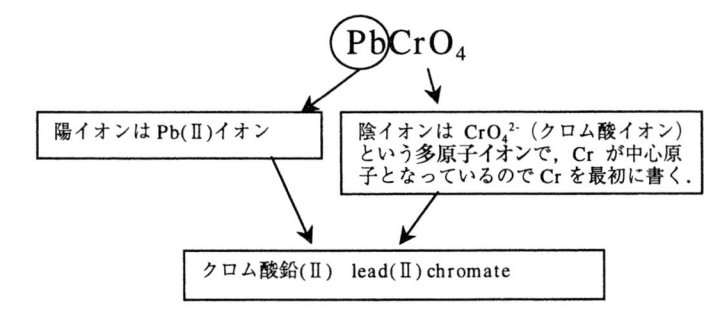

$PbCrO_4$：
黄色の顔料で，駐車禁止を示すペンキ，あるいはチョークなどに用いられている．クロームイエローとよばれる．

例 3.5　異種多原子イオンを含むイオン化合物の名前

$NaHCO_3$

置換できる H は陽イオンの後に書き，水素という名前を用いる．ここでは NaH の順になる．

陰イオンは CO_3^{2-}（炭酸イオン）という**原子団**で，C が中心原子となっており，最初に書く．

日本語名では後ろの方から記す．→ 炭酸水素ナトリウム
英語名では前から順番に記す．→ sodium hydrogencarbonate
　　　　　　　　　　　　　　　この場合はスペースをあけない

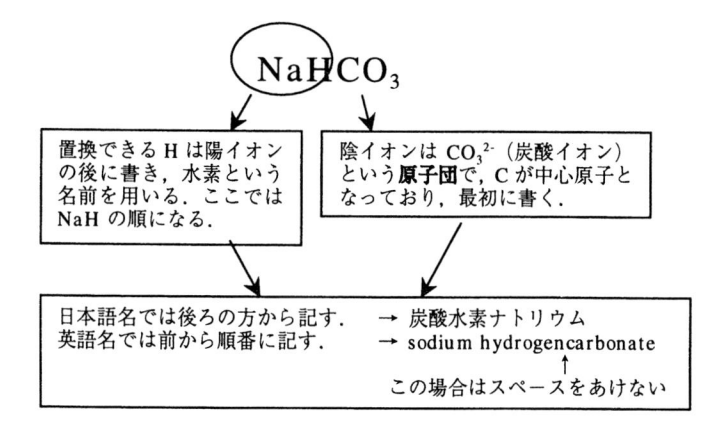

$NaHCO_3$：
白色の粉末で重曹とも呼ばれる．ベーキングパウダーや医薬品の原料として使用される．

例 3.6　異種多原子イオンを含むイオン化合物の名前

陽イオンを 2 つ含む $KNaCO_3$ の場合は，陽イオンの K と Na は

アルファベット順により K, Na の順序となり, 日本語の場合は後ろから '炭酸ナトリウムカリウム', 英語の場合は前から 'potassium sodium carbonate' と名前を付ける.

3.1.3 分子性化合物

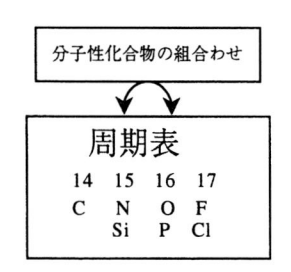

一般的には, 非金属だけを含む, イオンを含まない化合物を分子性化合物とよぶ. 非金属元素の水素化物も分子性化合物である. 分子性化合物の各原子間の結合共有結合によっており, 文字どおり, 分子を形成し, 同じ構成元素の組み合わせで, いくつもの分子ができる. 化合物の命名は, 日本語の場合は, 後ろにある電気的に陰性な元素名の語尾を '化' として先に読み, その次に, 前にある電気的に陽性な元素名を続ける. 英語の場合は陽性成分から先に読み, 陰性成分元素の語尾を 'ide' に変えて命名する. 元素の数は数詞を用いて示す.

分子性化合物の組合わせ

周期表
14 15 16 17
C N O F
　 Si P Cl

数詞:
1: mono
2: di
3: tri
4: tetra
5: penta
6: hexa
7: hepta
8: octa
9: nona
10: deca

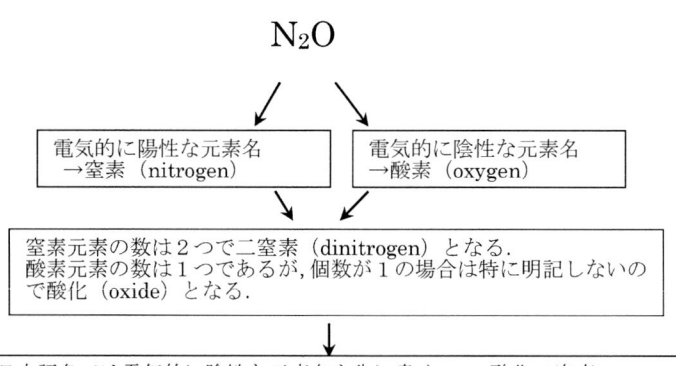

N_2O:
笑気ともよばれる. これを吸うと笑いを起こすことから名付けられた. 吸入麻酔薬として使用される.

例 3.7　分子性化合物の名前

$$N_2O$$

↙　↘

| 電気的に陽性な元素名 → 窒素 (nitrogen) | 電気的に陰性な元素名 → 酸素 (oxygen) |

↓

窒素元素の数は 2 つで二窒素 (dinitrogen) となる.
酸素元素の数は 1 つであるが, 個数が 1 の場合は特に明記しないので酸化 (oxide) となる.

↓

日本語名では電気的に陰性な元素名を先に書く. → 酸化二窒素
英語名では電気的に陽性な元素名を先に書く. → dinitrogen oxide

表 3.5 に代表的な分子性化合物を示す. 元素の順番は基本的には

表 3.5　代表的な分子性化合物

分子式	名　前		分子式	名　前	
H_2O	水	water*)	N_2O	酸化二窒素	dinitrogen oxide
NH_3	アンモニア	ammonia*)	NO	酸化窒素	nitrogen oxide
PH_3	ホスファン	phosphane*)	NO_2	二酸化窒素	nitrogen dioxide
H_2S	硫化水素	sulfane*)	N_2O_4	四酸化二窒素	dinitrogen tetraoxide
CO	一酸化炭素	carbon monoxide**)	N_2O_5	五酸化二窒素	dinitrogen pentaoxide
CO_2	二酸化炭素	carbon dioxide	PCl_5	五塩化リン	phosphorous pentachloride
SO_2	二酸化イオウ	sulfur dioxide	S_2Cl_2	二塩化二イオウ	disulfur dichloride
SO_3	三酸化イオウ	sulfur trioxide			

*) 分子性水素化物の体系的な名称は, 後述する有機化合物の水酸化物 (アルカンやアルケンなど) に類似させて, 元素名の語尾を-アン, -ane に変える. しかし, 水 (oxidane) やアンモニア (azane) などについては体系的な名前を用いることはほとんどない.

**) mono-は混乱しない限り使わないが, CO の場合は, 特に二酸化炭素との区別を明確にするために使われる.

アルファベット順であるが便利さが優先されるので，任意に決まっていると考えて良い．

3.1.4 無機化合物と無機工業化学

われわれのまわりにある無機化合物を主成分とする材料とその原料や主成分を表 3.6 に示す．ここに示した無機材料を作製するための原料となっている無機化合物の中で，硫酸，アンモニア，炭酸ナトリウム，水酸化ナトリウムなどは特に重要で，無機基礎化学工業の中核をなす窒素工業，硫黄工業，リン工業，アルカリ・塩素工業により大量に生産されている．

表 3.6 無機材料とその原料や主成分

無機材料	原料や主成分
食卓塩	塩化ナトリウム NaCl
板ガラス，ビンガラス	二酸化ケイ素 SiO_2，水酸化ナトリウム NaOH
合成洗剤	ベンゼンスルホン酸 $C_6H_6O_3S$，水酸化ナトリウム NaOH
マッチ，火薬	塩素酸カリウム $KClO_3$
お菓子の容器中の脱水剤	酸化カルシウム CaO，硫酸ナトリウム Na_2SO_4
大理石	炭酸カルシウム $CaCO_3$
セッコウ	硫酸カルシウム $CaSO_4$
リン肥料	リン酸カルシウム $Ca_3(PO)_4$
窒素肥料	硫酸 H_2SO_4，アンモニア NH_3
ルビーやサファイヤ	酸化アルミニウム（アルミナ）Al_2O_3
自動車のバッテリー	硫酸 H_2SO_4，酸化鉛（IV）PbO_2（電極材）
セメント	炭酸カルシウム $CaCO_3$，二酸化ケイ素 SiO_2
アルミ缶	アルミニウム Al

1) 窒素工業

窒素工業は，空気中の窒素を利用して**アンモニア**（NH_3）を作り，これを原料として**尿素**（H_2NCONH_2），**硝酸**（HNO_3），そのほかの無機窒素化合物を作る基礎無機化学工業である．アンモニア工業は窒素肥料を必要とする農業市場を背景に発展してきた．製造法としては窒素と水素を鉄触媒の存在下で直接反応させる（**ハーバ**

動植物の必須元素

われわれが生命活動を維持するためには，細胞の核などを形成するタンパク質，細胞膜を形成する脂質や糖，骨を形成するカルシウムやリンなどのほかに，酵素などに取り込まれる微量元素を食べ物から摂取する必要がある．植物の必須元素としては 6 つの多量元素（N, P, K, Ca, Mg, S）と 6 つの微量元素（Mn, Fe, Cu, Zn, B, Mo）が知られている．一方，人間の必須元素は 12 の常量元素（H, C, N, O, Na, Mg, P, S, Cl, K, Ca, Fe）と 15 の微量元素（B, F, Si, V, Cr, Mn, Co, Ni, Cu, Zn, As, Se, Mo, Sn, I）の計 27 種が知られている．ヒ素（As）は毒物のイメージが強いが，この元素が欠乏すると生殖機能が低下することが認められ，最も新しい必須元素として 1975 年に加えられた．また Zn が欠乏すると味覚障害や髪の毛の発育に影響が生じる．Mn は愛情の塩ともいわれ，動物の生殖機能に関係しているミネラルである．健全な肉体と精神を保ちながら生きるためには，これらのミネラルをバランス良く摂取する必要があり，そのためには常識的であるが多種類の食べ物を好き嫌いなく食べ，また食べ過ぎないことが肝心のようである．

ハーバー法：
ドイツのハーバー（F. Haber）が 1905 年に発明，発表した方法で，1913 年に BASF 社が世界最初の合成プラントを完成させた．

一法）が現在の主流である．

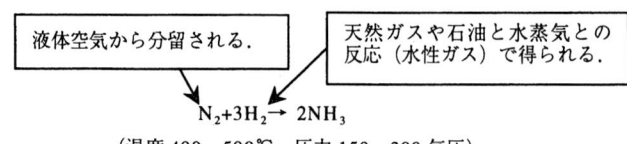

液体空気から分留される．　　天然ガスや石油と水蒸気との反応（水性ガス）で得られる．

$$N_2 + 3H_2 \longrightarrow 2NH_3$$
（温度 400～500℃，圧力 150～300 気圧）

アンモニアは塩化アンモニウム，硫安，尿素，硝酸などの原料となるほか，炭酸ナトリウム作製の原料となる（**ソルベー法**，後述）．尿素は現在，残留硫酸イオンの心配が残る硫安よりも重要な窒素肥料であり，アンモニアと炭酸ガスを高圧下で反応させて製造されている．

石灰石から生石灰を作る際，あるいはアルコール発酵の副産物として得られる

$$2NH_3 + CO_2 \longrightarrow H_2NCONH_2 + H_2O$$
（温度 180～200℃，圧力 150～250 気圧）

オストワルド法：
ドイツのオストワルド（F. W. Ostwald）は溶液の希釈率に関する研究のほか，1908 年にアンモニアの接触酸化による硝酸の製法を開拓した．1909 年にノーベル化学賞を受けた．

硝酸は，現在，**オストワルド法**とよばれるアンモニアの直接酸化法で作られている．アンモニアと空気の混合ガスを白金合金（ロジウム 10%）を触媒として 700～900℃ に熱する．発生した NO は冷却の過程で NO_2 となり，水に吸収させて硝酸とする．用途としては，肥料（硝酸アンモニウム），火薬の原料（ニトログリセリン，ニトロセルロース，TNT），染料の合成（アゾ染料，アニリン染料）などに使われる．水質や大気を汚染する化合物で，大気中の許容濃度は 10 ppm である．

$$4\,NH_3 + 5\,O_2 \longrightarrow 4\,NO + 6\,H_2O$$
$$2\,NO + O_2 \longrightarrow 2\,NO_2$$
$$3\,NO_2 + H_2O \longrightarrow 2\,HNO_3 + NO$$

2) 硫黄工業

世界で生産される各種形態の硫黄原料は，大部分，**硫酸製造**に用いられる．まず硫黄や金属硫化物（主として黄鉄鉱，主成分は FeS_2）を燃焼させて SO_2 を得る．

$$4\,FeS_2 + 11\,O_2 \longrightarrow 2\,Fe_2O_3 + 8\,SO_2$$

次に，酸化バナジウム（V_2O_5）を触媒として酸化して SO_3 を得る．この方法を**接触法**という．

$$2\,SO_2 + O_2 \longrightarrow 2\,SO_3$$

生成した SO_3 を水に吸収させて硫酸とする．

$$SO_3 + H_2O \longrightarrow H_2SO_4$$

最終化学製品の中に硫酸イオンが取り込まれるのはそれほど多くなく，肥料（硫安），乾燥剤（ぼうしょう Na_2SO_4），洗剤（アルキルベンゼンスルホン酸）などがあげられる．しかし，硫酸は無機工業製品の中で最も生産量が多い．この理由としては，価格が安い

（アルカリ中和剤として大量に用いることができる），難揮発性（鉱石の分解に有利），脱水作用が強い（アルコールの脱水によるエーテル製造や有機化合物のニトロ化などに用いられる）などがあげられる．

3) リン工業

リンは天然には単体としては存在しない．リン工業ではリン鉱石（$3\,Ca_3(PO_4)_2\cdot CaF_2$）を原料として，元素のリン，リンのオキソ酸やその塩を製造する．

元素リンを得るには，リン鉱石をケイ砂（SiO_2）とコークス（C）を電気炉中で1300～1500℃に熱する．

$$Ca_3(PO_4)_2 + 3\,SiO_2 + 5\,C \longrightarrow 2\,P + 3\,CaSiO_3 + 5\,CO$$

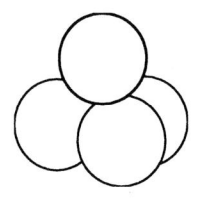

図 3.3 黄リン

リンは蒸気として発生するので，水中で固化させると，淡黄色ろう状の固体として黄リンが得られる．黄リンは P_4 からなる分子で正四面体構造をしている（図3.3）．空気中の酸素と反応して発火するので水中に保存される．黄リンは乾式のリン酸製造や赤リンの原料などに用いられる．空気を絶って黄リンを約250℃に加熱すると，空気中で安定で，毒性の少ない赤リンとなる．赤リンはマッチの材料などに利用されている．

リン酸の製造法としては，上記リンを空気や水蒸気で酸化して無水リン酸（P_2O_5）とし，水に溶かしてリン酸とする乾式製造法と，リン鉱石を無機強酸で分解し，遊離した酸を分離取得する湿式製造法がある．乾式製造法の方が電力を消費するが，生成物の純度は高くなる．湿式法の主流は安価な硫酸を使う方法である．

$$Ca_3(PO_4)_2 + 3\,H_2SO_4 + 6\,H_2O \longrightarrow 3\,CaSO_4 + 2\,H_2O\downarrow + 2\,H_3PO_4$$

この方法では分解生成物の硫酸カルシウムが水に難溶性のためリン酸と容易に分離できる．リン酸の主用途はリン酸塩としてのリン酸肥料で，水溶性のリン酸二水素カルシウムと硫酸カルシウムの混合物は過リン酸石灰とよばれ広く使用されている．

リン酸は脱水縮合により種々の高分子量の縮合リン酸が生成する．

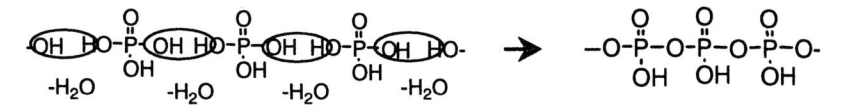

縮合リン酸のナトリウム塩は食品工業（ポリリン酸ナトリウムはかまぼこなどの歯ごたえを良くする粘着剤として使われる），染色工業，水処理工業などに広く使われている．

4) 塩素およびアルカリ金属工業

塩素とナトリウム，および，それらの化合物は，天然の炭酸ナトリ

ウム以外，ほとんどが食塩を原料にしている．したがって，これらは食塩工業と言い換えてもほとんど同義である．日本はまわりを海に囲まれているにも拘わらず，製造コストの関係から，原料の工業用食塩はメキシコやオーストラリア，中国などから輸入されている．

炭酸ナトリウム

炭酸ナトリウムは，水酸化ナトリウムとともに，アルカリとして，またナトリウム源として広く利用される化学工業上最も重要な化合物で，ガラス，石鹸，紙パルプ，食品，化学薬品などの製造に用いられている．製造法としては主としてアンモニアソーダ法（**ソルベー法**）が用いられている．

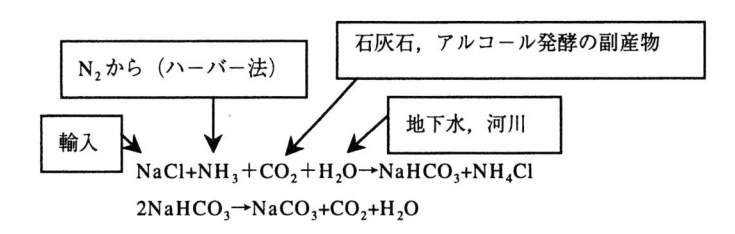

> **ソルベー法**：
> ベルギーのソルベー（E. Solvay）の発明により，1865年に工業化された．

N_2から（ハーバー法）　　石灰石，アルコール発酵の副産物
　　　　　　　　　　　　　　　　　地下水，河川
輸入

$$NaCl+NH_3+CO_2+H_2O \rightarrow NaHCO_3+NH_4Cl$$
$$2NaHCO_3 \rightarrow NaCO_3+CO_2+H_2O$$

炭酸アンモニウムを沈殿分離した後，水酸化カルシウムを加えて加熱し，アンモニアを生成させて循環利用する．この母液はNaClを含むが，ほとんどの場合，廃棄される．

$$2NH_4Cl+Ca(OH)_2 \longrightarrow NH_3+CaCl_2+2H_2O$$

日本では食塩の利用効率が高い塩安ソーダ法でも作られている．この場合は，塩化アンモニウム（塩安）を分離する工程が入るが，母液を循環利用するのでNaClの利用率は100％近くになる．その代わりにアンモニアの循環利用がないため，アンモニアを供給する必要がある．

水酸化ナトリウム

水酸化ナトリウムは，紙・パルプ，石鹸，アルミナ，レーヨン（セルロースパルプをアルカリ処理してできる再生繊維）などの製造や酸性ガスの除去剤，工場から出る廃酸性溶液の中和剤などに広く用いられている．

水酸化ナトリウムは塩化ナトリウム溶液の電解で製造される．陽極としては少し前までは黒鉛，近年では腐食の少ないルテニウム酸化物被覆の金属チタンが用いられ，陰極には鉄が用いられている．全反応は以下の式で表される．

$$2NaCl+2H_2O \longrightarrow 2NaOH+H_2(陰極)\uparrow+Cl_2(陽極)\uparrow$$

電解生成物間の反応を防ぐために両極間に隔膜をおく．隔膜材料としては，従来は石綿が広く用いられていたが（この方法を単に隔膜法と呼んでいる），この方法で得られる水酸化ナトリウム溶液の

濃度は 10～12% 程度と低く，未反応の NaCl も 15% 程度含まれているので，濃縮などのプロセスを経て，固体製品としている．近年では，隔膜として陽イオン交換膜（Na^+ のみを通し，Cl^- は通さない）を用いるイオン交換膜法での生産量が増加している（図3.4）．この方法で得られる水酸化ナトリウム溶液の濃度は 40% 程度と高くなり，未反応の NaCl も 50 ppm 以下になる．

塩素および塩素化合物

水酸化ナトリウムを製造する際に副製する塩素の需要は，かつて少なかったが，高分子材料である塩化ビニルを中心とする有機塩素化合物の需要の著しい増加に対応して，化学工業の大きな柱となっている．この結果として，世界中には，きわめて安定で自然分解しにくい有機ハロゲン化物が排出蓄積されることになった．今後，この工業の発展衰退の見通しについては，政治的あるいはモラルの問題を視野に入れて考察する必要があり，流動的である．

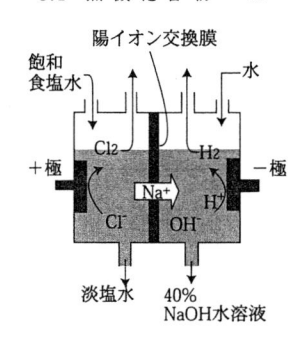

図 3.4 イオン交換膜法による NaOH の製造

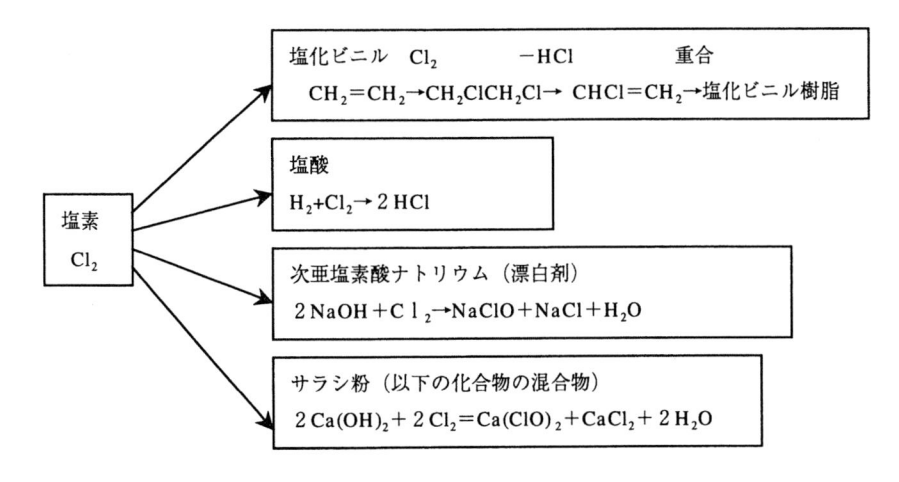

塩素 Cl_2
- 塩化ビニル Cl_2 －HCl 重合
  $CH_2=CH_2 \rightarrow CH_2ClCH_2Cl \rightarrow CHCl=CH_2 \rightarrow$ 塩化ビニル樹脂
- 塩酸
  $H_2+Cl_2 \rightarrow 2HCl$
- 次亜塩素酸ナトリウム（漂白剤）
  $2NaOH+Cl_2 \rightarrow NaClO+NaCl+H_2O$
- サラシ粉（以下の化合物の混合物）
  $2Ca(OH)_2+2Cl_2=Ca(ClO)_2+CaCl_2+2H_2O$

5）金属の精錬

今後の建築材としては鉄，アルミニウム，プラスチックの3つの原料が互いに補いあう形で支えていくものと考えられている．そこで金属単体として鉄とアルミニウムの精錬について示す

鉄

鉄は赤鉄鉱（主成分 Fe_2O_3）や磁鉄鉱（主成分 Fe_3O_4）などの酸化物を還元して得られる．原料の鉄鉱石に酸化鉄を還元するためのコークスと鉄鉱石中のケイ酸塩を除去するための石灰石を混合して溶鉱炉に入れ，空気を吹き込んで加熱するとコークスから生じた一酸化炭素により鉄の酸化物が鉄に還元される．コークス原料の石炭としては溶鉱炉にいれても砕けないような強度が要求されるが，このような性質を持つ粘桔炭は産地が限られるので，一般炭を少なからず混入させる技術開発が進められている．

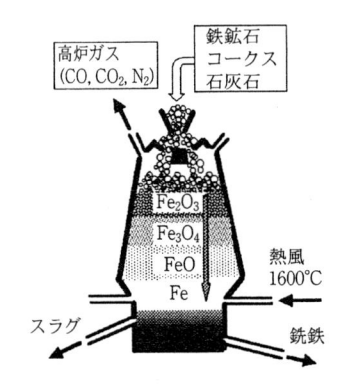

図 3.5 鉄精錬溶鉱炉

こうしてできた鉄は銑鉄（せんてつ）とよばれて，4％程度の炭素を含んでいる．この鉄は硬くてもろいが，溶けやすいので鋳物として用いられる．銑鉄を転炉とよばれる炉に入れ，銑鉄を加熱溶融した後に酸素を吹き込み，不純物の炭素などを燃焼して除去すると，弾性に富んだ鋼（はがね）となり，建築材として用いられる．高炉から発生するケイ酸カルシウム（これを鉱滓（こうさい）あるいはスラグという）はセメントに混ぜられて利用されている（高炉セメント）．

アルミニウム

アルミ缶やアルミサッシなどとして大量に使われており，その資源量や耐久性は比類がない．近年，回収によるリサイクルが問題になるとき，しばしば話題になる金属であるが，その理由は原料のボーキサイトから金属アルミニウムを製造する際に多量の電力を消費するためである．再生アルミニウム地金の製造に必要なエネルギーは，ボーキサイトをアルミニウムに精錬するのに必要なエネルギーの3％で済む．

精錬は酸化アルミニウム（アルミナ）を溶融電解して行う．アルミナの融点は2050℃なので，これを溶融して電解することは困難である．そこで融点が1010℃の氷晶石（Na_3AlF_6）にフッ化アルミニウムを加え，これを溶融して電解を行う．陽極，陰極とも炭素を用いており全反応は以下の式で表される．

$$Al_2O_3 + 3\,C \longrightarrow 2\,Al + 3\,CO \quad \text{または}$$
$$2\,Al_2O_3 + 3\,C \longrightarrow 4\,Al + 3\,CO_2$$

ボーキサイト（bauxite）：
このような鉱物が存在するわけではなく，酸化アルミニウム鉱の総称である．

水道水とトリハロメタン

塩化ナトリウムは動物に不可欠な栄養素であるが，塩素は水中の有機物と結合して有機塩素化合物（有機ハロゲン化物を総称してトリハロメタンという），焼却場から出るダイオキシン，オゾン層を破壊するフロンガスなどを形成する．われわれが毎日利用する水道水は，汚濁物質を除去した後で，残留する数パーセントの細菌，藻類，プランクトン，およびアンモニア性窒素を除去するために塩素処理を行っている．塩素は水の中で次亜塩素酸を発生し，これがアンモニアを窒素まで還元（p.97）して無害化，除去している．

$$Cl_2 + H_2O \longrightarrow HCl + HOCl$$
$$2\,NH_3 + 3\,HOCl \longrightarrow N_2 + 3\,HCl + 3\,H_2O$$

水道水の処理法としては，光を照射する方法もあるが，塩素は微量で殺菌効果が確実で経済性も高く，残留性が高いことから使用されている．川の汚れが進むと，飲料水として供給するために，必然的に塩素を多く使用しなければならなくなり，水道水中に存在する樹木のフミン質などの有機物と塩素の反応でトリハロメタンが生成したり，非常に微量で悪臭となるクロロフェノールが生成する．これら反応は温度が高いほど反応が進行するが，トリハロメタンの多くは揮発性であるので，水道水を5分程度沸騰させるとかなり取り除くことができる．

3.2 有機化合物

有機化合物は，基本的には炭素がつながった化合物で，約 600 万以上の化合物が知られている．これらの膨大な有機化合物の分類は，**官能基**（functional group）の観点から行われる．表 3.7 に代表的な官能基とその名前を示す．

官能基：
化合物に特徴的な機能（反応性）を与える原子や原子団．

表 3.7 代表的な官能基とその名前

官能基	官能基の名前	化合物の例
$-CH_3$	メチル基（methyl group）	メタン（天然ガスの主成分）
$-OH$	水酸基（hydroxyl group）	エタノール（酒の成分）
$>C=O$	カルボニル基（carbonyl group）	テストステロン（男性ホルモン）
$HO>C=O$	カルボキシル基（carboxyl group）	安息香酸（醤油などに使われる防腐剤）
$-NO_2$	ニトロ基（nitro group）	トリニトロトルエン（TNT 火薬）
$-NH_2$	アミノ基（amino group）	ガタベリン（生物の腐敗臭）

官能基の観点から分類された有機化合物の命名は，炭素と水素だけから構成される炭化水素の化合物名を基本とする．

3.2.1 炭化水素
1）アルカン

この炭化水素（hydrocarbon）は炭素と炭素の結合が単結合で構成されており，直鎖状のもの，枝分かれしているもの，環状のものがある．基本となるのは表 3.8 に示すような直鎖状のアルカン（alkane）で，一般式 C_nH_{2n+2} で表される．共通の一般式で表される一連の化合物を**同族体**（homologue）という．

アルカン：
飽和脂肪族炭化水素，パラフィン系炭化水素（parafine，親和力に乏しい物質）ともいわれる．

表 3.8 アルカン

アルカン	アルカン名	アルキル基	アルキル基名
CH_4	methane（メタン）	CH_3-	methyl（メチル）
CH_3-CH_3	ethane（エタン）	CH_3CH_2-	ethyl（エチル）
$CH_3-CH_2-CH_3$	propane（プロパン）	$CH_3(CH_2)_2-$	propyl（プロピル）
$CH_3-CH_2-CH_2-CH_3$	butane（ブタン）	$CH_3(CH_2)_3-$	butyl（ブチル）
$CH_3-(CH_2)_3-CH_3$	pentane（ペンタン）	$CH_3(CH_2)_4-$	pentyl（ペンチル）
$CH_3-(CH_2)_4-CH_3$	hexane（ヘキサン）	$CH_3(CH_2)_5-$	hexyl（ヘキシル）
$CH_3-(CH_2)_5-CH_3$	heptane（ヘプタン）	$CH_3(CH_2)_6-$	heptyl（ヘプチル）
$CH_3-(CH_2)_6-CH_3H$	octane（オクタン）	$CH_3(CH_2)_7-$	octyl（オクチル）
$CH_3-(CH_2)_7-CH_3$	nonane（ノナン）	$CH_3(CH_2)_8-$	nonyl（ノニル）
$CH_3-(CH_2)_8-CH_3$	decane（デカン）	$CH_3(CH_2)_9-$	decyl（デシル）

表 3.8 の名前で炭素数が 5 以上のものはギリシャ語の数詞に接尾辞 -ane を付けたものである．メタン，エタン，プロパン，ブタンは歴史に由来する固有名で，例えば，methane という名前はギリシャ語の "methy"（ぶどう酒）に由来し，ブタンは butter（バタ

原子模型図

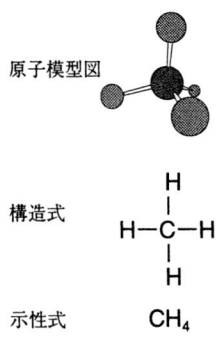

構造式

```
     H
     |
H — C — H
     |
     H
```

示性式　　CH₄

図 3.6　メタン

オクタン価:
　自動車のノッキングは未燃焼ガスが爆発的に燃焼して起こる．エンジンの圧縮比を大きくすると出力が増すが，ノッキングも増すので，高圧で初めて爆発する燃料が望ましい．最も良い燃料は 2,2,4-トリメチルペンタン（オクタン価 100）で，最も悪いのはヘプタン（オクタン価 0）である．

ー）に関係している．アルカンという同族名は，官能基のアルキル基に水素が付いた化合物と見なしてこのように呼ばれる．

　メタンは図 3.6 に示すような形をしている．化学式で示す場合は**構造式**（structural formula）や**示性式**（condensed form）を用いる．構造式では各原子間の結合を棒で示してあるが，示性式では官能基単位の原子団で示し，各原子間の結合を棒は略されることがある．炭素数が 4 以上のアルカンには，分子式が同じでも炭素原子のつながり方の違いにより，直鎖状や枝分かれ状のアルカンが存在する．分子式が同じで性質の異なる化合物は**異性体**（**アイソマー**；isomer）とよばれる．構造式が異なる異性体を**構造異性体**，分子の立体的な構造が異なる異性体を**立体異性体**という．立体異性体には炭素原子間の二重結合が原因で生ずる**シス-トランス異性体**や右手と左手の関係のように，互いに鏡像関係にある**光学異性体**などがある．IUPAC では異性体を区別するために以下のような統一的な命名法を提唱している．

1. 最も長い炭素鎖を見付け，これを基本名（base name）とする．
2. 最長炭素鎖の一端から他端まで通し番号を付ける．この時，側鎖の位置番号が最小になるようにする．
3. 側鎖の名前と位置を接頭語として基本名に付け加える．この時の順番は，ジ，トリなどの接頭語は無視してアルキル（alkyl）基の名前がアルファベット順になるようにする．

例 3.8　アルカンの命名

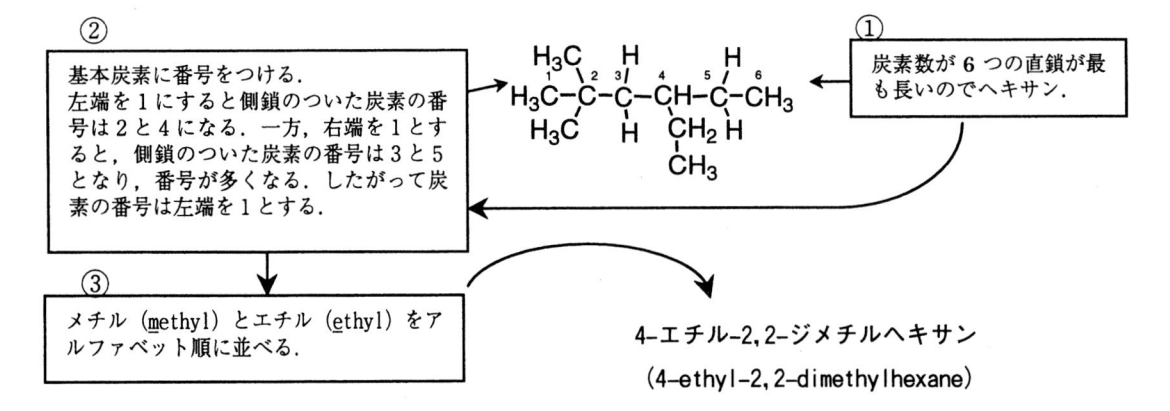

② 基本炭素に番号をつける．左端を 1 にすると側鎖のついた炭素の番号は 2 と 4 になる．一方，右端を 1 とすると，側鎖のついた炭素の番号は 3 と 5 となり，番号が多くなる．したがって炭素の番号は左端を 1 とする．

③ メチル（methyl）とエチル（ethyl）をアルファベット順に並べる．

① 炭素数が 6 つの直鎖が最も長いのでヘキサン．

```
    H₃C   H       H
     1  2  3   4  5   6
H₃C—C—C—C—CH—C—CH₃
     |   |   |    |
    H₃C  H  CH₂  H
              |
             CH₃
```

4-エチル-2,2-ジメチルヘキサン
(4-ethyl-2,2-dimethylhexane)

アルケン:
　不飽和脂肪族炭化水素に分類され，オレフィン系炭化水素（olefin, オイルを形成する物質）ともいわれる．

2）アルケン

　炭化水素の中で分子中に炭素原子間二重結合をもつ化合物はアルケン（alkene）とよばれ，C_nH_{2n} の一般式で表される．各アルケンの名前は，英語では同じ基本炭素骨格をもつアルカン名の -ane を -ene に代えて命名する．慣用的にはアルキル（alkyl）基名に -ene を付ける名前（alkylene）も使われる．

例 3.9 アルケンの命名

$$CH_2=CH_2$$

エテン (ethene)

1. 炭素数が 2 つのアルカン名を考える → ethane (エタン)
2. ethane の語尾 -ane を -ene に代える → ethene (エテン)

エテンの慣用名としては、アルキル基名の ethyl (エチル) に -ene を付けて ethylene (エチレン) となる

例 3.10 側鎖のあるアルケンの命名

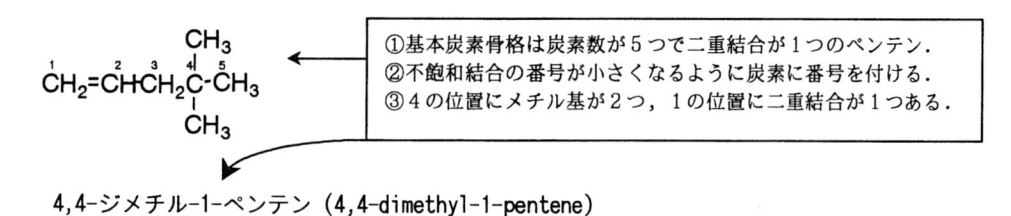

$$\overset{1}{C}H_2=\overset{2}{C}H\overset{3}{C}H_2\overset{4}{C}(CH_3)_2\overset{5}{C}H_3$$

① 基本炭素骨格は炭素数が 5 つで二重結合が 1 つのペンテン.
② 不飽和結合の番号が小さくなるように炭素に番号を付ける.
③ 4 の位置にメチル基が 2 つ、1 の位置に二重結合が 1 つある.

4,4-ジメチル-1-ペンテン (4,4-dimethyl-1-pentene)

二重結合炭素は sp² 混成軌道をとっており、その結合を中心にして置換基は回転することができない。したがって、次のような立体異性体ができる。このとき同じ置換基が C=C 二重結合に関して反対側にあるものをトランス (trans) 体、同じ側にあるものをシス (cis) 体という。

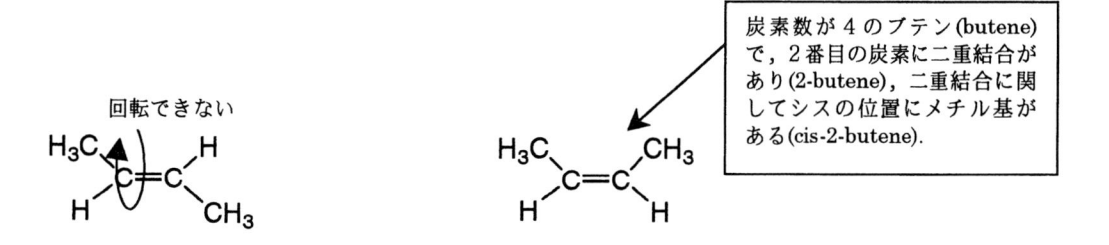

炭素数が 4 のブテン (butene) で、2 番目の炭素に二重結合があり (2-butene)、二重結合に関してシスの位置にメチル基がある (cis-2-butene).

トランス-2-ブテン (trans-2-butene)　　シス-2-ブテン (cis-2-butene)

二重結合が 2 つ以上ある時はアルカン (alkane) 名の -ane を 2 つという意味の接頭語 di を付けて -adiene とする。3 つなら -atriene となる。

例 3.11 ジエン化合物の命名

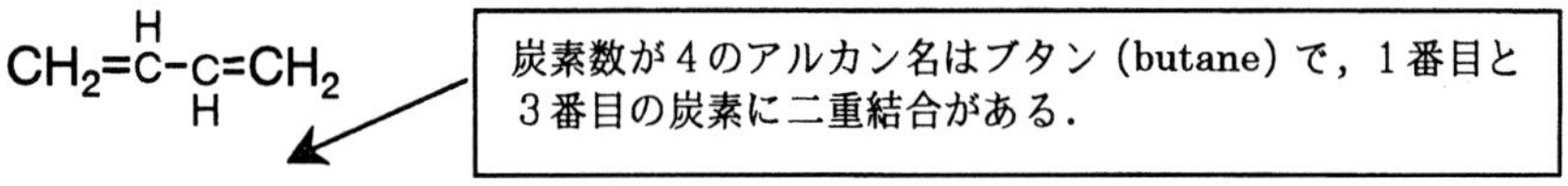

$$CH_2=CH-CH=CH_2$$

炭素数が 4 のアルカン名はブタン (butane) で、1 番目と 3 番目の炭素に二重結合がある。

1,3-ブタジエン (1,3-butadiene)

3) アルキン

不飽和脂肪族炭化水素の中で，分子中に炭素原子間三重結合を持つ化合物の IUPAC 名はアルキン（alkyne）で，C_nH_{2n-2} の一般式で表される．命名法としては，英語では同じ炭素骨格のアルカン名の -ane を -yne に代えて命名する．

例 3.12 アルキンの命名

$$CH \equiv CH$$

1. 単素数が 2 つのアルカン名を考える → ethane（エタン）
2. ethane の語尾 -ane を -yne に代える → ethyne（エチン），慣用名は acetylene（アセチレン）である．

4) 環状のアルカン，アルケン，アルキン

これらの化合物には対応する炭素数のアルカンやアルケンに**シクロ（cyclo-）**という接頭語を付ける．図 3.7 に例を示す．

5) 芳香族炭化水素

この炭化水素は基本となる炭素骨格として単結合と二重結合が交互に連続して（共役二重結合という）結合する環状構造を形成し，しかも環の数を n としたときに，共役二重結合の π 電子の数が $4n+2$ となるものである．図 3.7 で示したシクロブタジエンの場合は，環の数が 1 で π 電子の数は 4 である．$4 \times n + 2 = 4$ を満たす整数 n は存在しないのでこの化合物は芳香族でない．芳香族に属する化合物は，二重結合をもっているが，アルケンと異なる性質をもつため，独立した官能基として命名する．

芳香族炭化水素はベンゼンの骨格が基本となっており，これが縮合して多くの化合物を形成している．炭素は sp^2 混成軌道をとっているので本質的に平面構造をしている．ベンゼン（C_6H_6）の構造式としては図 3.8 のように炭素骨格間の結合で示され，H は一般的に略されるが，(a) の表記を用いると単結合と二重結合では結合長が違うので，歪んだ六角形を考えてしまうかもしれない．しかしベンゼンの 6 つの炭素間の結合長は同じであることが分かっており，(b) の表記を用いればその心配はなくなる．

芳香族炭化水素の名前はアルキル基で置換したベンゼンとして命名されるが，慣用名もかなり頻繁に使われる．二置換ベンゼン誘導体はベンゼン環の炭素に番号を付ける方法と，置換位置を表す接頭語**オルト（ortho），メタ（meta），パラ（para）**のいずれかを付けて示す（図 3.9）．三置換誘導体の場合はベンゼン環の炭素に合計が最も小さくなるように番号を付ける．また C_6H_5- という官能基は

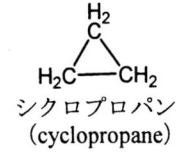

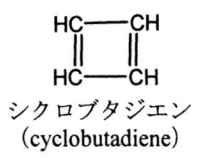

図 3.7 環状アルカンと環状アルケン

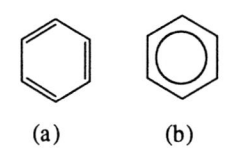

図 3.8 ベンゼン

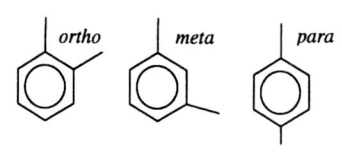

図 3.9 二置換ベンゼン

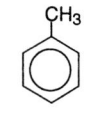

methylbenzene
メチルベンゼン
toluene
トルエン

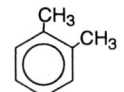

1,2-dimethylbenzene
1,2-ジメチルベンゼン
ortho-methytoluene
オルト-メチルトルエン
ortho-xylene
オルト-キシレン

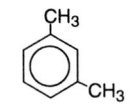

1,3-dimethylbenzene
1,3-ジメチルベンゼン
meta-methytoluene
メタ-メチルトルエン
meta-xylene
メタ-キシレン

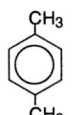

1,4-dimethylbenzene
1,4-ジメチルベンゼン
para-methytoluene
パラ-メチルトルエン
para-xylene
パラ-キシレン

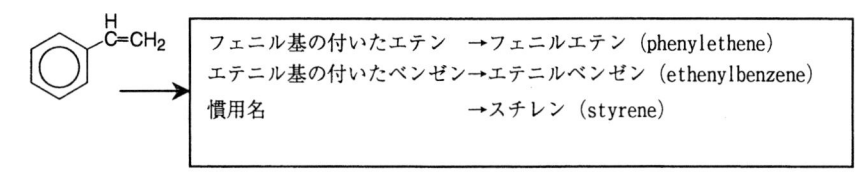

フェニル基の付いたエテン　→フェニルエテン（phenylethene）
エテニル基の付いたベンゼン→エテニルベンゼン（ethenylbenzene）
慣用名　　　　　　　　　　→スチレン（styrene）

図 3.10　芳香族炭化水素

フェニル（phenyl）基とよばれる．図3.10にいくつかの化合物を示す．

6) 炭化水素の置換反応，付加反応とハロゲン誘導体

炭化水素は石油化学工業の基本的な原料となる化合物である．これらから多種多様な有機物が合成される．そのために利用されている反応の中で置換反応と付加反応について示す．

アルカンは炭素間の結合が飽和しており，安定で反応性は低い．しかし，条件により，炭素と結合している水素がほかの官能基と置換する．例えば，メタンは光照射でハロゲン分子と反応し，水素原子が次のようなハロゲン原子に置き換わったハロゲン誘導体に変わる．

アルカン：
置換反応が起こる．

$$CH_4 + Cl_2 \xrightarrow{光} CH_3Cl + CH_2Cl_2 + CHCl_3 + CCl_4 \text{（係数省略）}$$

ハロゲン誘導体の名前はハロゲンを置換基として考える．各ハロゲンの置換基名はF（フッ化；fluoro），Cl（塩化；chloro），Br（臭化；bromo），I（ヨウ化；iodo）である．CCl_4は四塩化メタン（tetrachloromethane），慣用的には四塩化炭素（carbontetrachloride）といわれる．$CHCl_3$は三塩化メタン（trichloromethane），慣用的にはクロロホルム（chloroform）といわれる．

アルカンが置換反応を起こすのに対し，不飽和炭素結合をもつアルケンやアルキンではハロゲンや水の付加反応が進行し，不飽和結合が飽和結合に変わる．例えば，エテンに塩素を反応させると1,2-ジクロロエタン（1,2-dichloroethane）が生成する．

アルケン，アルキン：
付加反応が起こる．

$$CH_2 = CH_2 + Cl_2 \longrightarrow CH_2ClCH_2Cl$$

芳香族炭化水素は各炭素間の結合は不飽和結合であるが，非常に

芳香族：
置換反応が起こる．

安定で付加反応ではなく置換反応が進行する．

図 3.11 クロロベンゼン（chlorobenzene）

7）炭化水素と化学工業

炭化水素の原料は石油であるが，石油の多くは燃焼に使われており，化学工業に使われる石油は総石油輸入量の数％にすぎない．

石油の大部分はアルカンおよびシクロアルカン系の炭化水素である．これを蒸留精製して炭素数の異なる留分に分け，さらに，化学工業の最も基本となる原料であるエテンとプロペンが大量に作られている．

エテン（通常はエチレンと呼ばれることが多い）は石油化学工業の最も基本となる重要な物質で，この生産量はその国の化学工業の規模を示す尺度となりうる．エチレンからの代表的な合成工業を示す．

石油の使い道：
発電用　　　　　　　17％
鉱工業用　　　　　　15％
自動車用　　　　　　25％
家庭および少量消費者用　43％

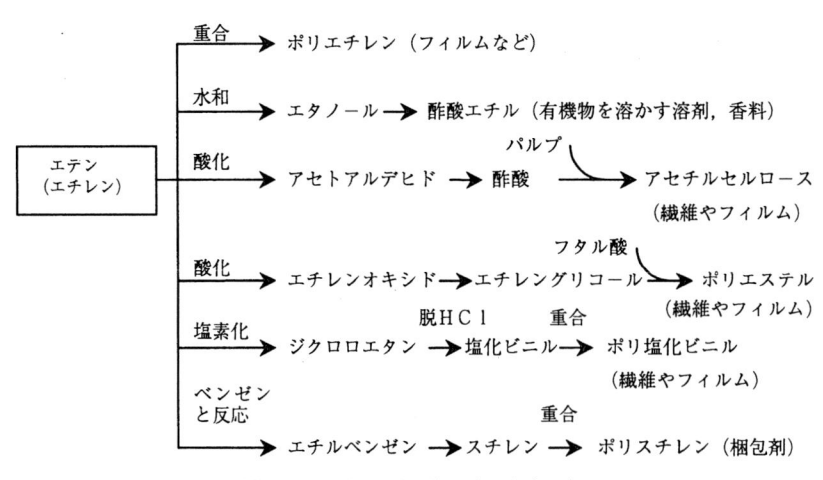

図 3.12 エチレンを原料とする合成工業

3.2.2 アルコール

1）脂肪族アルコール

アルコール（alcohol）は水酸基（-OH）によって特徴付けられている化合物で，一般式は R―OH である．脂肪族系のアルカン，アルケン，アルキンの -H が -OH 基に置換した化合物では，親化合物の語尾 '-e' を '-ol' に置き換えて命名する．日本語名では漢字を用いず，英語名をカタカナ読みして表示する．例えば，CH_3OH ならメタン（methane）をメタノール（methanol）のように変える．炭素主鎖に置換基が付いている化合物では，炭素に付ける番号

アルコールの語源はアラビア語で，かつては粉状物質を意味していた．その後，酒を蒸留して燃えるものを得る操作をアルコール化というようになり，アルコールはエタノールと同義語であった．現在のような族の名前として使われだしたのは 19 世紀になってからである．

は -OH 基の番号が最も小さくなるようにする．慣用名は炭化水素基名に'アルコール'を付けて命名する．例えば，CH_3OH なら，メチルアルコール（methylalcohol）となる．

例 3.13 アルコールの命名

$$CH_2=CHCH_2OH$$

この化合物の親アルケンは炭素数が3つのプロペン（propene）で，語尾の -e を -ol に代えてプロペノール（propenol）となる．水酸基の付いている炭素の番号は1で，二重結合のある炭素番号は2となる．この数字を名前の前と -ol の前に挿入すると，この化合物の名前は 2-プロペン-1-オール（2-propen-1-ol）となる．この化合物は $CH_2=CHCH_2-$ 基がアリル（allyl）基とよばれるので，アリルアルコール（allylalcohol）ともよばれる．合成樹脂や香料，化学薬品の中間体として重要なアルコールである．

> **メタノールの用途**：
> ガソリンの脱水剤，ホルムアルデヒドの原料（フェノール樹脂の原料になる），臭化メチルの原料（輸入穀物の燻蒸剤）など

> 芳香族系の置換基を総称してアリール基（aryl）という．紛らわしいが誤解しないようにしたい．

アルコールでは水酸基が結合する炭素上の置換基の数によって第一級アルコール（primary alcohol），第二級アルコール（secondary alcohol）第三級アルコール（tertiary alcohol）に分かれる．

R_1-CH_2OH　　　$R_1^{R_2}CHOH$　　　$R_1^{R_2}COH_{R_3}$

第一アルコール　　第二アルコール　　第三アルコール

2つ以上の水酸基をもつアルコールは多価アルコールとよばれる．親化合物の語尾に diol（水酸基2つ），triol（水酸基3つ）などを付ける．次の化合物の場合は，2つの水酸基が1と2の炭素に

ベンゼン環と発ガン性

人間には免疫があり，外からの細菌の侵入に対処している．一方，元々，生体に存在しない化学物質（ゼノバイオテクスという）の侵入に対処しているのが，シトクロム P 450 と呼ばれる酵素である．この酵素は 450 nm 付近の光を吸収する pigment（色素）なので，このように呼ばれている．発ガン性物質の多くはベンゼン環をもっているが，P 450 の機能は有機化合物の酸化反応の触媒作用で，ベンゼン環の不飽和結合の一部をエポキシ環に変える（下図）触媒の働きを持っている．エポキシ化された化合物（エポキシドという）はグルタチオンという抱合酵素と反応して無害化されるが，侵入化学物質が多すぎると，処理が間に合わなくなり，人間の遺伝中の塩基と反応して結合する確率が高くなる．

したがって，P 450 がどんどんその解毒作用を推進すると，図らずも発ガン物質の前駆体が発ガン性物質に変わってしまうことになる．P 450 は肝臓に最も多く含まれるが，その種類は1つではなく，人によっても異なる．酵素の強弱には個人差があり，酒に強い人と弱い人があるのと同じように，タバコに対するガンになりやすさにも個人差が生じるのはそのためである．

2個の水酸基が隣り合う炭素に結合しているアルコールをグリコールという.

1つずつ付いているので1,2-エタンジオール（1,2-ethanediol）という．慣用名はエチレングリコール（ethyleneglycohle）といい，エンジンの不凍液として混合されたり，ポリエステル繊維の原料として用いられる．

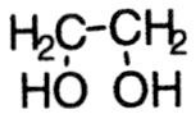

$$\begin{array}{c} H_2C-CH_2 \\ |\quad\ \ | \\ HO\ \ OH \end{array}$$

各種アルコールの中で，炭素数の少ないアルコールは石油を原料として製造されている．

低級アルコールあるいは高級アルコールという呼び方があるが，炭素数が6以上のアルコールを高級アルコールと呼んでいる．

2）フェノール

芳香環に -OH 基が直接結合している化合物をフェノール（phenol）類という．フェノール類の水酸基は酸性を示すのでアルコールと区別している．一般式は Ar-OH で，Ar は芳香族系の置換基を意味している．最も簡単な化合物はベンゼンの1つの -H を -OH 基で置換したヒドロキシベンゼンで，単にフェノールともいう．図3.13の化合物は 4-ノニルフェノールというが，洗剤の原料として用いられており，洗剤が微生物により分解されると生成する．女性ホルモンとしての作用が認められている環境ホルモン（内分泌攪乱物質）の1つである．

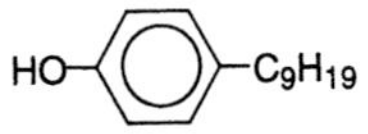

フェノールの用途：
殺菌消毒用，フェノール樹脂原料，エポキシ樹脂原料など

図3.13 4-ノニルフェノール

3.2.3 アルデヒド

アルデヒド（aldehyde）は**アルデヒド基**（-CHO）によって特徴付けられている化合物で，一般式は R—CHO である．脂肪族系のアルカン，アルケン，アルキンの末端炭素の -CH$_3$ が -CHO 基に置換した化合物では，親化合物の語尾 '-e' を '-al' に置き換えて命名する．日本語名では漢字を用いず，英語名をカタカナ読みして表示する．例えば，CH$_2$O なら親化合物のメタン（methane）をメタナール（methanal）とする．慣用名は炭化水素基名に 'アルデヒ

アルデヒド基 (aldehyde group) $-\underset{\underset{O}{\parallel}}{C}H$ は通常 -CHO として示す．

アルデヒドの語源は脱水素されたアルコール（alcohol dehydrogenated）が語源と考えられている．

環境ホルモン（内分泌攪乱物質）

ホルモンは動物の成長や分化を決定したり体の状態を一定に保つ役割を担っている．ホルモンが正常に働かないと成長に異常をきたしたり，体調に影響を与えたりする．この数年の間に今までに合成されて環境中に放出された人工化学物質のうち50以上の物質が極微量で動物の体内でホルモンと同じ作用をすることがわかってきた．特に女性ホルモンの作用を示すものが多く（エストロゲン性という），様々な動物のメス化が報告されている．

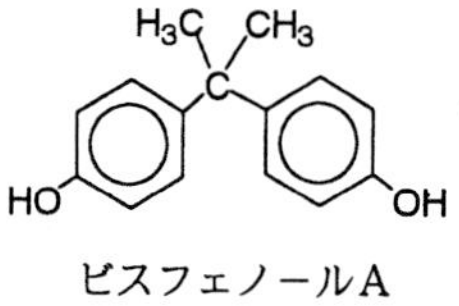

ビスフェノールA
（ポリカーボネート樹脂の原料）

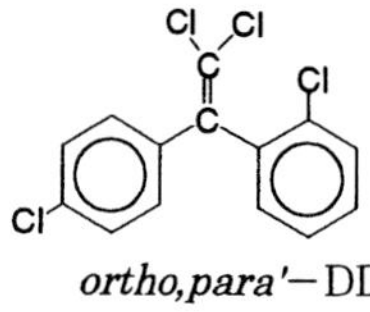

ortho,para'-DDT
（農薬）

ド' を付ける．例えば，CH$_2$O なら methylaldehyde（メチルアルデヒド）となる．しかし，工業上重要なアルデヒド類の多くは対応するカルボン酸名に由来した伝統的な名前を使用することが多い．芳香族にアルデヒド基が付いた化合物も，区別せずにこの族に分類する．アルデヒドは独特の香りをもち，医療品，香料，塗料などに用いられている．次に示すベンズアルデヒドはウメ，モモ，アンズなどバラ科の植物の種子中に存在する．

例えば CH$_2$O は対応する蟻酸（HCOOH）の英語名であるホルミックアシド（formic acid）から派生したホルムアルデヒド（formaldehyde）が使用されることが多い．

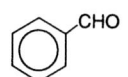

芳香族の場合は IUPAC 方式では親化合物に置換基名の -carbaldehyde を付けて命名する．この場合は benzencarboaldehyde となる．慣用名は対応する安息香酸（benzoic acid）から派生したベンズアルデヒド（benzaldehyde）で，こちらが使用されることが多い．

アルデヒドは酸化されてカルボン酸になりやすく，この性質は反対に，ほかの化合物を還元する性質のあることを意味する．例えば，銀鏡反応やフェーリング液を還元する性質はアルデヒドが酸化されやすいために発現する．

代表的なアルデヒドであるホルムアルデヒド（メタナール）は銅触媒下，メタノールを空気酸化することにより工業的に合成されている．また，アセトアルデヒドは塩化パラジウムを触媒としてエチレンの直接酸化により得られる（この方法を**ヘキスト-ワッカー法**という）．

ヘキスト-ワッカー法：
1959～1960 年にかけてドイツのヘキスト社とワッカー社で開発され，世界的に広まった方法で，高価な塩化パラジウムを酸化のための触媒として用いるのが特徴である．反応によりパラジウム触媒は活性を失うが，共存する塩化銅（Ⅱ）によって酸化し再び活性とするのがミソである．この反応で生じた塩化銅（Ⅰ）は酸素により酸化銅（Ⅱ）に戻す．

3.2.4 ケトン

ケトン（ketone）はカルボニル基（-CO）によって特徴付けられている化合物で，一般式は R—CO—R' である．脂肪族系のアルカン，アルケン，アルキンの -CH$_2$- が -CO- 基に置換した化合物では親化合物の語尾 '-e' を '-one' に置き換えて命名する．日本語名では漢字を用いず，英語名をカタカナ読みして表示する．例えば，CH$_3$COCH$_3$ なら，炭素骨格がプロパン（propane）なのでプロパノン（propanone）となる．主鎖となる炭素骨格が長い場合は，カルボニル基の位置を番号で示す．

プロパノンは，通常，アセトンとよばれ，合成樹脂の良い溶剤で

ケトン（ketone）の名前はアセトン acetone に由来する．

$\overset{1}{\text{CH}_3}\overset{2}{\text{CO}}\overset{3}{\text{CH}}=\overset{4}{\text{CH}}\overset{5}{\text{CH}_3}$
3-ペンテン-2 オン
3-pentene-2-one

ジャスモン　　　　　テストステロン（男性ホルモン）

図 3.14 ケトン化合物

> アセトンの名前は酢酸（acetic acid）に由来する．

塗料用に大量に使われている．最大の用途はメタクリル酸メチル（この重合物は MMA と呼ばれ，透明度が高いので有機ガラスといわれる）の製造原料である．アセトンは塩化パラジウムを触媒としてプロペンの直接酸化（ヘキスト-ワッカー法）により得られる．

ケトン類の香りはアルデヒド類よりも刺激的でない．図 3.14 にケトン化合物の例を示す．

3.2.5　カルボン酸（有機酸）とその誘導体および置換体
1）カルボン酸

> カルボキシル基(carboxyl group) $-\underset{\underset{O}{\|}}{C}-OH$ と通常 $-COOH$ で示される．

カルボン酸（carboxylic acid）はカルボキシル基（-COOH）によって特徴付けられている化合物で，一般式は R—COOH である．カルボン酸の名前はそれぞれの命名の由来を持った慣用名を用いるのが一般的であるが，IUPAC の統一命名法では炭素骨格の名前の終わりの '-e' を '-oic acid' に変えることにより命名する．環状化合物の場合は carboxylic aid を炭素骨格名の後に付ける．カルボン酸やその塩には重要な有機化合物があり，その多くは慣用名で呼ばれることが多い．カルボン酸の例を図 3.15 に示す．

HCOOH：メタン酸（methanoic acid） 慣用名は formic acid（ギ酸）で，アリの蒸留によって得られたのでラテン語のアリ（formica）に由来する．	CH_3COOH：ethanoic acid（エタン酸） 慣用名は acetic acid（酢酸）で，すっぱいから派生した言葉 acetum（酢）に由来する．
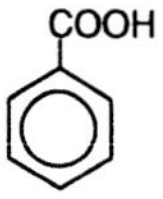 ⌬-COOH	IUPAC 名は benzencarboxylic aid である． 日本語名は英語名をそのままカタカナで用いることはほとんどない． 安息香（benzoin，ベンゾイン）という天然樹脂に含まれるので安息香酸（あんそくこうさん，benzoic acid）と呼ばれることが多い． 醤油などの防腐剤として広く使用されている．

図 3.15 カルボン酸

2）カルボン酸誘導体

カルボン酸誘導体の中で -COO- 構造を持つものをエステル（ester）という．エステルは果物の香り成分として見出されることが多い．エステルの命名法はそれぞれの命名の由来を持った慣用名を用いるのが一般的である．IUPAC の統一命名法ではカルボン酸の '-ic acid' や '-ous acid' を 'ate' や '-ite' に変え，酸素に結合した置換基の後に付ける．代表的なエステルを表 3.9 に示す．

表 3.9 エステル

化合物	IUPAC 名前	慣用名	香り
$HCOOCH_2CH_3$	ethyl methanoate	ギ酸エチル	桃
$CH_3COOCH_2CH_2CH_2CH_2CH_3$	pentyl ethanoate	酢酸アミル	ナシ
$CH_3CH_2CH_2COOCH_2CH_3$	ethyl butanoate	酪酸エチル	パイナップル

エステルはカルボン酸とアルコールの反応で生成する．このとき

水が取れて結合ができるので，この反応を縮合反応（condensation reation）という．エステルに水を加えると分解して原料のカルボン酸とアルコールに分解する．この反応を加水分解という．

$$CH_3COOH + HOCH_3 \underset{\underset{加水分解}{\longleftarrow}}{\overset{\overset{脱水縮合}{\longrightarrow}}{-H_2O}} CH_3COOCH_3 + H_2O$$

エステルは香料のほかに有機溶媒としても多量に使用されている．

自然界にある油脂はエステルで，水を加えて加水分解すると炭素数の多いカルボン酸（油脂から生成するので高級脂肪酸という）と1,2,3-プロパントリオール（1,2,3-propanetriol，グリセリンあるいはグリセロールとよばれることが多い）が生成する．このとき生成する高級脂肪酸は洗剤の原料となる．

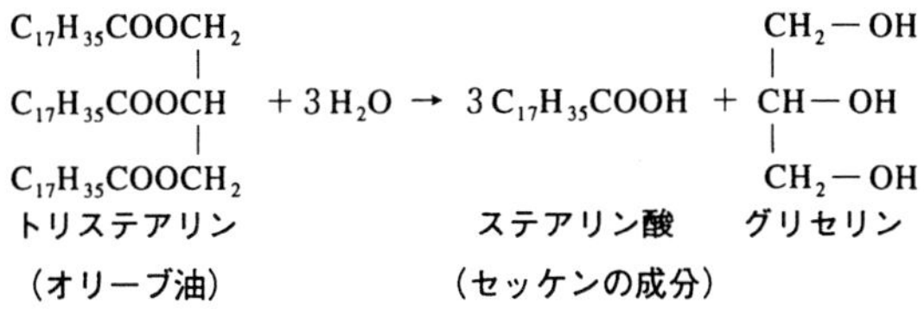

$$\begin{matrix} C_{17}H_{35}COOCH_2 \\ | \\ C_{17}H_{35}COOCH \\ | \\ C_{17}H_{35}COOCH_2 \\ \text{トリステアリン} \\ \text{（オリーブ油）} \end{matrix} + 3H_2O \rightarrow 3C_{17}H_{35}COOH + \begin{matrix} CH_2-OH \\ | \\ CH-OH \\ | \\ CH_2-OH \\ \text{グリセリン} \end{matrix}$$

ステアリン酸
（セッケンの成分）

3） カルボン酸置換体

カルボン酸置換体の中でアミノ基を持つものをアミノ酸という．タンパク質合成に関係した重要なアミノ酸は20種あり，一般構造式は R—CH(NH$_2$)(COOH) で示される．このアミノ酸は同一の炭素にアミノ基とカルボキシル基が付いているので，α-アミノ酸（α-amino acid）とよばれる．人間に必要なアミノ酸を必須アミノ酸といい，通常のアミノ酸の名前は慣用名が用いられている．

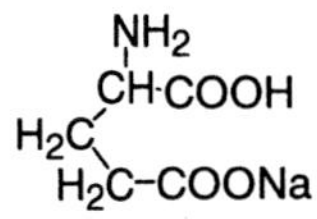

アミノ酸のカルボキシル基とアミノ基から分子間で脱水縮合が起きるとペプチド構造と呼ばれる -CO—NH- 結合ができる．生体内では，このような反応が次々と起こって，人の遺伝子などの巨大なタンパク質ができる．

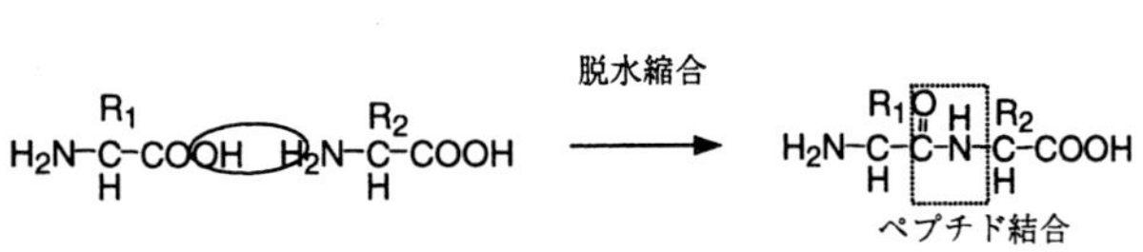

図 3.16 グルタミン酸ナトリウム（調味料）

$$H_2N-\underset{H}{\overset{R_1}{C}}-COOH \quad H_2N-\underset{H}{\overset{R_2}{C}}-COOH \xrightarrow{\text{脱水縮合}} H_2N-\underset{H}{\overset{R_1}{C}}-\underset{\underset{\text{ペプチド結合}}{}}{C-N}-\underset{H}{\overset{R_2}{C}}-COOH$$

3.2.6 エーテル

エーテル（ether）はエーテル結合（R—O—R'）によって特徴付けられている化合物である．IUPACの統一命名法ではR—O-を置換基と見なして命名する．この置換基名はアルコキシ（alkoxy）

で，CH_3O- はメトキシ（methoxy）という．慣用名としてはアルキル基名を書き，後にエーテルと続けて書く．溶媒や麻酔剤として用いられる $C_2H_5OC_2H_5$ の名前はエトキシエタン（ethoxyethane）である．慣用名はジエチルエーテル（diethyl ether）である．

3.2.7 アミン

アンモニアの水素原子をアルキルキ基またはアリール基で置換した化合物をアミン（amine）という．置換基の数により第一アミン（primary amine），第二アミン（secondary amine），第三アミン（tertiary amine）に分かれる．

$$R_1-NH_2 \qquad R_1-\overset{R_2}{NH} \qquad R_1-\overset{R_2}{\underset{R_3}{N}}$$

　　第一アミン　　　　第二アミン　　　　第三アミン

IUPAC 統一命名法ではアミノ基で置換した炭素化合物として命名する．慣用名は化合物により異なる．

アミンはアンモニアと同様に弱塩基の性質を示す．代表的なアミンを表 3.10 に示す．

表 3.10　アミン

化合物	IUPAC 名前	慣用名
CH_3NH_2	aminomethane （アミノメタン）	methylamine （メチルアミン）
$H_2NCH_2CH_2NH_2$	1,2-diaminoethane （1,2-ジアミノエタン）	ethylenediamin （エチレンジアミン）
$H_2NCH_2CH_2CH_2CH_2CH_2NH_2$	1,5-diaminopentane （1,5-ジアミノペンタン）	cadaverine （カダベリン）
$C_6H_5NH_2$	aminobenzene （アミノベンゼン）	aniline （アニリン）

アミンの多くは非常な不快臭を持つ．タンパク質の腐敗臭はプトレシン（$H_2NCH_2CH_2CH_2CH_2NH_2$）やカダベリン（$H_2NCH_2CH_2CH_2CH_2CH_2NH_2$）などのアミンの臭いである．

カルボニル基にアミノ基が結合した官能基（$-CONH_2$）はアミド（amido）と呼ばれる．アミンとアミドは生物学的に重要な多くの化合物に見出される．尿素（urea）や LSD と呼ばれるアルカロイドもアミドである．

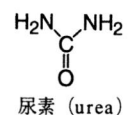

$$H_2N-\underset{\underset{O}{\|}}{C}-NH_2$$

尿素（urea）

4 物質の状態

　物質を細かく切り刻んでいくと，やがて分子や原子に分けられることは，すでに第1章で学んだ．われわれが見たり触れたりするのは，それら原子，分子の集合である．水（液体）を冷やすと氷（固体）になったり，加熱すると水蒸気（気体）になったりする現象はわれわれにとってなじみ深いものであるが，物質はほとんどの場合，**固体** (solid)，**液体** (liquid)，**気体** (gas) のいずれかの状態で存在している．物質のこれら3つの基本的な状態を，**物質の三態** (three states of matter)という．

4.1 物質の三態

4.1.1 分子の熱運動

　物質を構成する分子は，絶えず運動している．この分子運動を直接観察するのは難しいが，風がなくても香水のにおいが自然に部屋いっぱいに拡散することなど，分子が動いていることを間接的に知ることはできるであろう．このような分子運動（熱運動）は温度が高いほど激しくなる．

　分子運動と物質の三態の関係を図4.1に示す．固体中では分子や

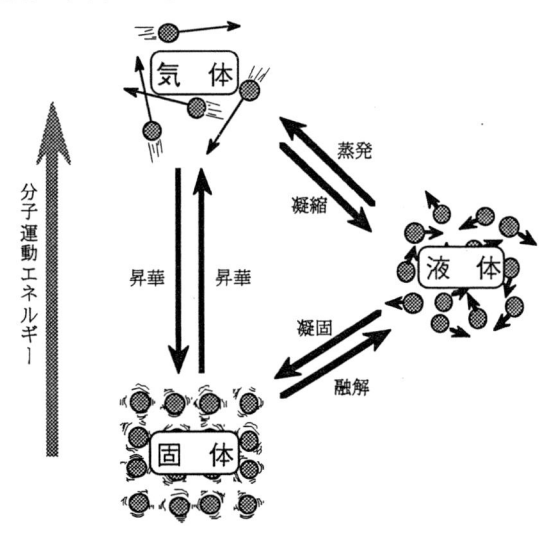

図 4.1　物質の三態

原子は決まった位置にかなり強く束縛されており，分子運動により振動しているものの，隣の分子・原子を越えて移動することはできない．

固体を加熱すると，熱を吸収して分子運動が盛んになる．そのため分子や原子は決まった位置を離れて動きまわるようになる．その結果，分子の配列は秩序を失って流動する性質を持った液体となる．

さらに熱を加えると，分子は相互間の束縛から逃れる大きな運動エネルギーを持つようになり，相互作用のほとんどない状態で空間を飛びまわるようになる．これが気体の状態である．温度が高いほど分子運動は激しい．

このように温度や圧力が変化すると，物質は三態の間を相互に変化する．例えば，氷（固体）が融解して水（液体）になる，水（液体）が蒸発して水蒸気（気体）になる，といった具合である．これらの相互変化も図4.1に示した．

4.1.2 物質の状態図

このような三態間の変化は，温度と圧力により決まる，ある一定の状態に向かって起こる．言い換えれば，物質の状態は温度と圧力によって決まる．そこで，物質の状態を，温度と圧力に対して表示すればその物質が，どんなとき，どんな状態をとるかが一目でわかる．このように表した図を物質の**状態図**（相図；phase diagram）という．

図4.2に示す水の状態図を例に，三態間の変化を考えてみよう．1気圧（atm）の下で，−50℃（A点）では水は凍っており固体で

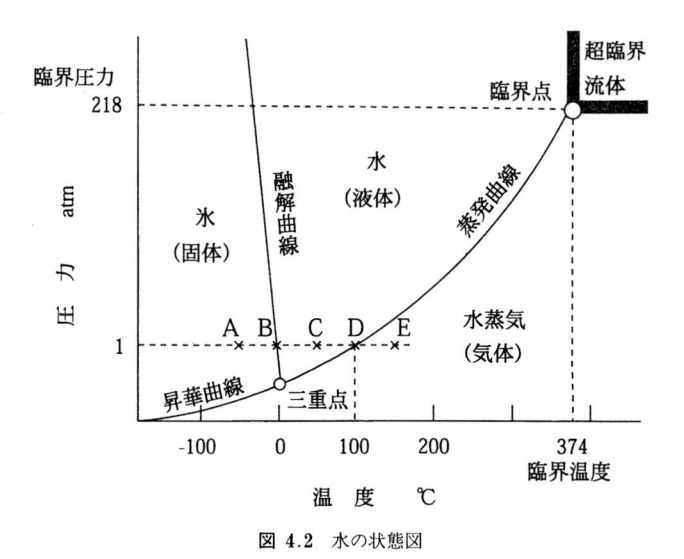

図 4.2 水の状態図

ある．温度を0°Cまで上げると氷は溶けて水になろうとするが，0°C（B点）では氷も水も共存した状態で安定である．B点を通る曲線上では融解が起こるので，これを融解曲線という．さらに温度を上げていくと，50°C（C点）では水は液体であり，100°C（D点）で沸騰（蒸発）する．100°Cでは水と水蒸気が共存した状態で安定である．D点を通る曲線上では蒸発が起こるので，これを蒸発曲線という．さらに加熱を進めて150°C（E点）にしたときには，すべてが水蒸気（気体）となっている．

融解曲線，蒸発曲線，昇華曲線の交点では，固体，液体，気体のすべてが共存する特異点であり，**三重点**（triple point）とよばれる．

また，一般に蒸発曲線は高温，高圧側には終点があり，この終点を**臨界点**（critical point）という．臨界点以上の高温，高圧下では液体と気体の中間のような状態をとり，**超臨界状態**（supercritical state）とよばれる．超臨界状態では，粘度は気体に近く拡散係数は液体より1桁程度高い．気体のように，容器いっぱいに広がる性質を持ち，密度は温度と圧力により広範囲に変えることができる．これにともなって物質を溶解する能力も大きく変わるので，溶媒を用いた抽出や各種分析，有害物質の無害化などの用途が研究されて

水の三重点：
　温度目盛りの定点として採用されており，再現性がよい温度定点である．
　0.01°C（273.16 K）
　0.00603 atm
　（$=4.58$ Torr$=610.6$ Pa）

水を超えた水——超臨界水

水は常温常圧下では液体であり，100°C，1 atmの沸騰状態では液体と気体が共存する．この状態では液体の水の密度が約$1\,g\,cm^{-3}$なのに対して気体の密度は$0.0006\,g\,cm^{-3}$と1600倍以上の違いがある．液体と気体を共存させたまま温度と圧力を上げていくと，液体の密度は次第に減少し，気体は圧縮されて密度が高まる．そして374°C，218 atmの高温高圧状態では，両者の密度はついに等しくなり，この臨界点以上の温度と圧力では，水面が消えて，気体と液体の区別がつかなくなる．臨界点での密度は$0.32\,g\,cm^{-3}$であり，気体でも液体でもない「不思議な状態」である．

超臨界水は圧力を変えることによって密度が大きく変化する．この密度変化にともなって，図のように比誘電率やイオン積が大きく変化することは注目に値する．比誘電率は常温の水では80程度であり，典型的な極性溶媒としてふるまうが，超臨界水の比誘電率はエタノール（25）やアセトン（21）などの極性溶媒の値から，ベンゼン（2.3）やヘキサン（1.8）などの無極性溶媒の値まで広い範囲で変えられる．これを利用して無極性物質を溶かして反応を行わせ，反応中に誘電率を変化させて溶解性を制御したりすることも可能となる．また，イオン積も広範囲で変化する．通常の水のイオン積は10^{-14}でありpH7であるが，仮にイオン積を10^{-8}にしたとするとpH4となり，酸触媒による加水分解反応などを水のみで起こさせることができる．

例えば，セルロースなら1秒以内でグルコースやオリゴ糖に分解するし，数分程度でPET（ポリエチレンテレフタレート）を分解できる．さらにダイオキシン類やPCB，フロンでさえ分解ができるのである．また粘度が低く拡散係数が大きいことから，クロマトグラフィーなどの分析機器への応用も盛んである．通常の有機溶媒とは異なり廃溶媒も生じない．まさに「水を超えた水」なのである．

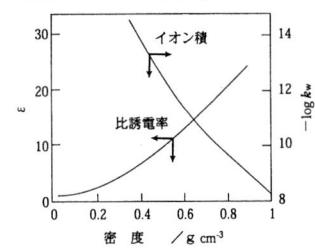

図　超臨界水の密度による性質の変化

プラズマは機能性材料の立て役者

　通常の状態では正負両方の荷電粒子が共存すれば，すぐに電荷が中和して気体などの三態の状態に戻ってしまう．プラズマ状態を維持するには高いエネルギーが必要である．…とはいうものの，太陽をはじめ宇宙の物質の99.9%はプラズマであり，地球上に普通に存在する物質の三態が，むしろ「稀な状態」なのである．

　雷の放電は大気の絶縁を破って電流が流れる現象で，稲妻はプラズマ状態である．また，蛍光灯やネオンも真空放電により生成したプラズマの発光を利用している．真空中での放電現象は制御がしやすく，LSI，太陽電池などの半導体や，磁気ディスクやヘッド，各種センサー，液晶表示素子といった電子デバイスを支える機能性材料の作製や微細加工に用いられている．これにはスパッタ法とよばれる手法が多く利用されているが，この方法はアルゴンなどの希薄ガス中で放電を起こしプラズマを発生させ，負電圧を印加したターゲットに，プラズマ中の陽イオンを衝突させ，ターゲット表面の原子をはね飛ばし（sputter）て，近くに配置した材料上に薄膜として析出させるものである．この手法は，「スイッチ1つ」でさまざまな膜がターゲットとほぼ同じ組成で作れる強力な機能性薄膜作製法である．このほか，イオンプレーティング，CVD，ドライエッチングなど機能性材料作製法としてプラズマは広く応用されている．

　プラズマはまた，機能性材料の解析手法としても利用されている．電子デバイスの性能は多くの場合，材料の組成と密接な関係がある．材料の組成分析手法の中でもICP発光分析法は主要な元素ほとんど（約70種類）の高感度分析が可能な手法である．アルゴンガスを高周波誘導によって励起すると6000～8000 Kの超高温のプラズマとなるが，この誘導結合プラズマ（inductively coupled plasma）」中に検体を噴霧すると，検体分子はバラバラの原子になり，原子は励起されて発光する．この光の波長で原子の種類がわかり，強度で存在量がわかる仕組みである．多元素を短時間で高精度に分析できる強力な組成分析法である．

　このようにプラズマは，機能性材料の作製から組成分析まで大活躍している．機能性材料の「立て役者」的存在である．さらにエネルギー問題解決の切り札といわれる核融合も，プラズマ状態の水素を制御することにより可能となると言われており，この技術が確立すればあと200億年以上はエネルギーに困らない．この「立て役者」は「宇宙船地球号」の行く末を開く鍵を握っているのである．

プラズマ：
　プラズマ（plasma）は，原形質という意味で，生物学の世界でも細胞の構成物質にこの用語が使われている（原形質（protoplasma），原形質膜（plasma membrane）など）．1928年にラングミュア（I. Langmuir，アメリカ）が希薄気体中での放電の際の発光部分の状態に対してこの概念を示した．

いる．

　固体，液体，気体の三態のほかに，気体が放電や高温などにより陽イオンと電子とに分離して混ざりあっている状態（プラズマ）や秩序を持った分子配列を示す液体（液晶，p.79）が4番目の状態ともいわれる．

4.2　気体の性質

　気体は容器の中に均一に広がり，加熱すれば膨張するし，圧力をかければ押し縮めることができる．空気の入った注射器のピストンを加圧すれば体積が減るし，へこんだボールも暖めれば元に戻る．すなわち，気体の温度と圧力と体積の間には密接な関係があることは容易に想像がつく．そして，これら温度，圧力，体積といった基本的な物理量の間には簡単な関係が成り立つことが知られている．その関係について整理してみよう．

4.2.1 ボイル-シャルルの法則

圧力を加えれば気体は縮み，圧力を下げれば気体は膨張する．もしも，温度を一定にしておけば，

　　　　一定量の気体の体積は圧力に反比例する．

圧力を 2 倍にすれば体積は半分になるという関係である．これが**ボイルの法則**（Boyle's law）である．

一方，温度が上がれば気体は膨張するであろうし，温度を下げれば収縮する．圧力を一定に保っておけば，

　　　　一定量の気体の体積は絶対温度に比例する．

例えば，27°C（＝300 K）から 57°C（＝330 K）まで気体を加熱すると体積は 330/300 倍，つまり 10％ 増えるわけである．これが**シャルルの法則**（Charle's law）である．

これら 2 つの法則をひとことで表せば，「一定量の気体の体積は圧力に反比例し絶対温度に比例する」ということになる．これが**ボイル-シャルルの法則**（Boyle-Charle's law）である．ボイル-シャルルの法則は次式で表される．

$$\frac{P_1 V_1}{T_1} = \frac{P_2 V_2}{T_2} \tag{4.1}$$

　　　　P：圧力，V：体積，T：絶対温度

したがって，絶対温度 T_1，圧力 P_1 で V_1 の体積を持つ気体を，(1) 絶対温度 T_2，圧力 P_2 の状態にすれば体積は V_2 になり，(2) 絶対温度 T_2 で体積を V_2 にするには P_2 の圧力が必要である，といったことがわかる．また，一定量の気体であれば，圧力や温度をどんなに変えても，いつでも

$$\frac{P_1 V_1}{T_1} = 一定 \tag{4.2}$$

ということになる．

> **例題 4.1** 27°C, 1 atm の下で体積 1 L の $CFHCl_2$（フロンガスの一種）は，上空 30 km の成層圏中（−47°C，0.001 atm とする）では何 L の体積になるか．
> **解）** (4.2) 式より
> $$\frac{1 \times 1}{273+27} = \frac{0.001 \times V}{273-47}$$
> これを解いて
> $$V = 753 \, L$$

4.2.2 気体の状態方程式

1 mol の気体について考える．(4.2) 式より，1 mol の気体の場合も，R を定数とすれば

ボイルの法則：
1662 年にボイル（R. Boyle, イギリス）が発見した．

シャルルの法則：
1787 年にシャルル（J. A. C. Charles, フランス）が発見した．

$$\frac{PV}{T} = R \qquad (4.3)$$

と書くことができる．前項で述べたように，この R の値は，圧力や温度を変えても，常に一定である．この R を**気体定数**（gas constant）という．

同じ温度，同じ圧力のまま気体の物質量を n にすれば，体積は n 倍になる．したがって，次式が導かれる．

$$PV = nRT \qquad (4.4)$$

P：圧力，V：体積，n：物質量，R：気体定数，T：絶対温度
（いずれも単位は気体定数の単位とそろえること）

この式は，このように，ボイル-シャルルの法則から簡単に導かれるが，ある量の気体の温度や圧力などの「状態」を表す式であることから気体の**状態方程式**（equation of state）とよばれる．

mol で表される物質量は，質量を 1 mol の質量（モル質量，分子量）で割ったものである．したがって

$$n = \frac{W}{M} \qquad (4.5)$$

n：物質量 (mol)，W：質量 (g)，M：モル質量 (g mol^{-1})

が成り立つことをここで確認しておく．これにより (4.4)，(4.5) 式から，気体の分子量を計算することができて便利であろう．

ボイル-シャルルの法則も気体の状態方程式も，気体の体積や圧力は気体の種類によらず物質量，つまり粒子の数のみによって決まることを示している．このように，物理量や物理的性質が構成物質の種類によらず，ただ粒子の数のみに依存する性質を，**束一的性質**（collgative property）あるいは束一性という．この性質は化学的な物性の解明に広く応用されている．次に示すアボガドロの法則も気体の束一的性質を別の表現で述べたものである．

気体定数 R：
0°C（=273 K），1 atm で 1 mol の気体の体積は 22.4 L であるから，これらを (4.3) 式に代入すれば
$R = 0.0821$ (L atm K^{-1} mol^{-1})
$\quad = 8.31$ (J K^{-1} mol^{-1})
である．

例題 4.2 体積 12 L の風船には 20°C，1 atm で何 mol の空気が入るか．

解） 空気は窒素と酸素の混合物であるが，気体の束一性のため区別して取り扱う必要はない．(4.4) 式より
$$1 \times 12 = n \times 0.0821 \times (273 + 20)$$
$$\therefore \quad n = 0.5 \text{ mol}$$

例題 4.3 例題 4.2 の風船の中の空気（窒素 80%，酸素 20%）の質量は何 g か．

解） N_2 は $0.5 \times \frac{80}{100} = 0.4$ mol，O_2 は 0.1 mol，(4.5) 式に代入して，
$$W = 0.4 \times 28 + 0.1 \times 32 = 14 \text{ g}$$

> **例題 4.4** 体積 84 L の風船に例題 4.2 と同じ条件で，ある不活性気体を詰めたところ質量が 14 g となった．この気体は何か．
> **解**）（4.4），（4.5）式より
> $$PV = \frac{W}{M}RT$$
> $$1 \times 84 = \frac{14}{M} \times 0.0821 \times (273+20)$$
> $$\therefore \quad M = 4$$
> モル質量 4 の不活性気体は He（1 原子分子であることに注意）である．

4.2.3 アボガドロの法則

「温度と圧力が等しければ，同体積中に存在する気体分子の数は気体の種類によらず一定である．」これが**アボガドロの法則**（Avogadro's law）である．これは，「同数の気体分子が同体積中，同温度で存在するとき，圧力は気体の種類によらず一定である．」と言い換えることができる．

気体の圧力は気体分子が容器の壁に絶えず衝突することから発生し，衝突の衝撃力と頻度で決まる．衝突の衝撃力，すなわち気体分子の運動エネルギーは温度（絶対温度）に比例し，気体の種類には無関係であるため，気体分子の衝突の衝撃力も温度が等しければ一定である．衝突の頻度は，単位体積あたりの分子数が等しければ等しいことから，同数の気体分子が同体積中に存在する場合には，衝突の頻度も等しい．したがって，同数の気体分子が同体積中，同温度で存在するとき，圧力は気体の種類によらず一定であることがわかる．

4.2.4 分圧の法則

ここまでは，暗黙のうちに，1 つの成分からなる気体について取り扱ってきたが，複数の気体が混合した場合はどのようになるのであろうか．例えば，空気は主として窒素と酸素が 4:1 の体積比（＝モル比）で混合したものであるが，通常の 1 atm の場合，その 1 atm のうち，どちらがどれだけの圧力を「分担」しているのだろうか．

いま 1 L の容器の中に入っている 1 atm の空気を考えると，その中には窒素と酸素が 4:1 の体積比で一様に混ざっている．この中から，仮に窒素を取り出して，酸素だけを残したとすると，酸素の体積がもとの 5 倍に広がることになるので，ボイルの法則（p.65）により，圧力は 1/5 倍の 0.2 atm になる．同様に酸素を取り

アボガドロの法則：
アボガドロ（A. Avogadro, イタリア）が 1811 年に提唱した仮説．のちに 1858 年カニツァロ（S. Cannizzaro）の解説により世に知られるようになった．

気体分子の運動エネルギーは絶対温度に比例する：
一辺 l，体積 V の立方体中の気体分子を考える．運動法則
$$f = ma$$
より
$$f = m(dv/dt) = d(mv)/dt$$
気体分子運動ベクトル $\boldsymbol{v}$ の x 成分を v_x とすると気体分子の容器の壁への衝突による運動量 mv の変化は $2mv_x$ である．この衝突が時間 $2l/v_x$ ごとに起こるので
$$f = d(mv)/dt = 2mv_x/(2l/v_x)$$
$$= mv_x^2/l$$
圧力は単位面積あたりの力なので，
$$P = f/l^2 = mv_x^2/l^3 = mv_x^2/V.$$
物質量 n の気体では
$$P = nmv_x^2/V \text{ となる．}$$
$\boldsymbol{v}$ の方向は x, y, z すべてにまんべんなく散らばっているので，
$$v^2 = v_x^2 + v_y^2 + v_z^2 = 3v_x^2$$
したがって
$$P = nmv^2/3V$$
気体分子の運動エネルギー $E = mv^2/2$ を代入すると
$$P = 2nE/3V,$$
すなわち
$$E = 3PV/2n$$
となる．これに気体の状態方程式（4.4）を代入して $E = 3RT/2$ となり，気体分子の運動エネルギーは絶対温度に比例する．

出して窒素を残したとすると，窒素の体積がもとの5/4倍になるので，圧力は4/5倍の0.8 atmになる．これらが，それぞれの構成気体が分担する圧力，**分圧**（partial pressure）である．つまり酸素の分圧は0.2 atm，窒素の分圧は0.8 atmである．1 atmの空気，すなわち窒素と酸素の混合気体全体の圧力（＝**全圧**；total pressure）は，酸素の分圧0.2 atmと窒素の分圧0.8 atmを加えたものである．

> 分圧はその気体が単独で容器全体に広がったときの圧力に等しい．

容器の中に何種類かの気体が，それぞれ $n_1, n_2, \cdots, n_i$ mol ずつ混合している場合，全体の物質量 n は

$$n_1 + n_2 + \cdots + n_i = n \tag{4.6}$$

である．これに（4.4）式を代入すると

$$\frac{P_1 V_1}{RT_1} + \frac{P_2 V_2}{RT_2} + \cdots + \frac{P_i V_i}{RT_i} = \frac{PV}{RT} \tag{4.7}$$

となるが，これらの気体は同じ容器の中に混じっているので，温度と体積は等しい．したがって（4.7）式は

$$\frac{P_1 V}{RT} + \frac{P_2 V}{RT} + \cdots + \frac{P_i V}{RT} = \frac{PV}{RT} \tag{4.8}$$

となり次式が得られる．

$$P_1 + P_2 + \cdots + P_i = P \tag{4.9}$$

P_1, P_2, P_i：各成分の分圧，P：全圧

すなわち全圧は分圧の和に等しい．これが**分圧の法則**（ドルトンの法則；Dalton's law）である．

> **ドルトンの分圧の法則**：
> 1801年ドルトン（J. Dalton, イギリス）が見出した．

例題 4.5 10 atmの酸素2 Lと5 atmの窒素8 Lを20 Lの容器に詰めたときの酸素分圧と容器内の圧力を求めよ．

解） ボイルの法則より酸素分圧は
$$10 \times 2 = P \times 20$$
$$\therefore \quad P = 1 \text{ atm}$$
同様に窒素分圧は2 atmだから容器内の圧力（全圧）は
$$1 + 2 = 3 \text{ atm}$$

4.2.5 理想気体と実在気体

シャルルの法則（p. 65）によると，絶対温度0 Kでは気体の体積が0となるはずである．実際にはこんなことはなく，例えば，空気を冷やしていくと，およそ90 K（−183℃）で酸素が凝縮して液体となり，次いで77 K（−196℃）付近で窒素が液体となる．このような現象はシャルルの法則には含まれていない．前述のボイル-シャルルの法則も気体の状態方程式も，単純化した架空の「理想的な気体」についての法則だったのである．このような**理想気体**（ideal gas）とは次のようなものである．

- 気体分子自身の体積を考えない
- 分子間の引力を考えない

実際には，気体分子自身も体積を持つため，気体の体積を0にすることは不可能であるし，引力も存在するため，冷却して分子運動が穏やかになるにしたがって気体は凝縮し，やがて凝固して固体になりきまった体積を占める．

分子間の引力が分子運動に勝ったときに気体は液体になる．このときの温度が沸点であるから，ごくおおざっぱにいうと，沸点が高いほど分子間の引力が強いことになる．0°C, 1 atm で 1 mol の気体の体積は 22.4 L といわれるが，下図に示すように，沸点が高いほど 1 mol の体積は 22.4 L より小さくなる傾向がわかる．つまり分子間の引力により，**実在気体**（real gas）と理想気体とのずれが大きくなるわけである．

> 分子の極性も分子間の引力と密接な関係があり，極性分子同士は引力を持つ．

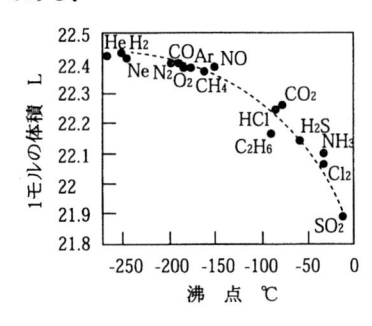

図 4.3 理想気体からのずれの例

1 mol の気体分子自身の体積を b とすると，物質量 n の気体分子の体積は nb となる．したがって，実在気体で測定した体積 V から nb を差し引いたものが理想気体の体積と考えられる．

4.2.3 項でも述べたように，気体の圧力は気体分子が容器の壁に絶えず衝突することから発生する．気体分子間の引力が存在すると，分子運動により容器内を飛びまわっている気体分子同士が擦れ違いざまに，互いに引きあい，方向が曲げられる．このため，気体分子の飛びまわる道のりが長くなり，容器の壁に衝突する頻度が減少するので圧力は減少する．任意の気体分子が擦れ違う気体分子の数は，単位体積あたりの物質量 n/V に比例する．擦れ違った気体分子それぞれが擦れ違う気体分子数も n/V に比例し，これらの引力の合計は $(n/V)^2$ に比例する．したがって，実在気体で測定した圧力 P に，この補正項 $(n/V)^2 a$ を加えたものが，理想気体の圧力と考えられる．

このようにずれを補正した実在気体の状態方程式は次のようなものである．

$$\left(P+\frac{n^2a}{V^2}\right)(V-nb)=nRT \qquad (4.10)$$

これは導出者にちなんでファンデルワールスの状態方程式ともいわれる．a, b は，物質に固有な定数で，ファンデルワールス定数とよばれる（表4.1）．

4.3 液体の性質

液体は気体のように容器いっぱいに広がることはないが，水に代表されるように流動性を持ち形を変えることができる．気体よりも密度が大きく，温度や圧力を変えても体積の変化は少ない．また固体や気体を溶解して溶液をつくる性質もある（p.76）．ここでは蒸発や表面張力といった液体特有の性質をまとめてみよう．

4.3.1 蒸気圧

コップの水の水面付近では，絶えず水分子が水中から空気中へと飛び出したり，また水の中に飛び込んで戻ったりしている．密閉された容器の中では，蒸発が進むにつれて水蒸気分子の密度が増加する．そしてある程度蒸発が進むと，今度は空気中から水の中に飛び込んでくる水分子の量が多くなり，ついには両者が一致し，**平衡**（equilibrium）状態に達して，気体と液体の量に，見かけ上，変化がなくなる．この状態は気相と液相の相平衡の状態であり，気液平衡（vapor-liquid equilibrium）状態という．このときの水蒸気の圧力が水の**蒸気圧**（vapor pressure）（**飽和蒸気圧**；saturated vapor pressure）である．

温度が高いほど水中から飛びだす水分子は多くなり，水の蒸気圧は高くなる．そして100℃になると蒸気圧が1 atmに達し，水面を押している1 atmの大気圧と等しくなって，この温度からは，水面からはもちろんのこと，水中からも，どこからでも蒸発が起こるようになる．これが沸騰である．この変化は図4.2中での蒸発曲線を室温から100℃へとたどったことに相当する．この蒸発曲線が水の蒸気圧を示す蒸気圧曲線なのである．この曲線は水の三重点をこえてさらに低温側へと伸びており，それは氷からの直接の気化，昇華の蒸気圧を示している．

4.3.2 粘度と表面張力

流動性を示す液体の性質をはかる尺度に，「粘っこさ」すなわち**粘度**（**粘性率**；viscosity）がある．この性質は，分子間力や分子

表4.1 ファンデルワールス定数

気体	a L² atm mol⁻²	b L mol⁻¹
Ar	1.35	0.0323
Cl₂	6.50	0.0323
CO	1.49	0.0400
CO₂	3.60	0.0428
H₂	0.245	0.0267
HCl	3.68	0.0409
He	0.034	0.0238
H₂S	4.43	0.0430
N₂	1.39	0.0392
NH₃	4.17	0.0372
NO	1.34	0.0280
O₂	1.36	0.0319
SO₂	6.72	0.0565
エタン	5.46	0.0647
メタン	2.26	0.0430

富士山の頂上では，気圧はおよそ640 hPa（＝0.63 atm）であるため，水の蒸気圧はおよそ88℃で気圧と等しくなり，この温度で水は沸騰する．水はこれ以上の温度にはなれず（これ以上の温度では水蒸気になる）コメがうまく炊けなかったりすることになる．圧力鍋は，これとは逆に，高圧下で水の沸点を上昇させ，効果的に調理ができるようにしたものである．

冷蔵庫の氷も，古くなると次第に小さくなっている．氷から水蒸気への昇華である．寒い朝，車や家の屋根に霜が降りる．こちらは水蒸気から氷への昇華である．

量，分子の形などに関連が深い．一般に温度が上がると粘度は下がり，圧力が上がると粘度は上がる．また固体を溶かしたりすると大きく変化する．代表的な液体の粘度を表 4.2 に示す．

液体にはその表面積をできるだけ小さくしようとする性質がある．これは，液体分子の間に引力が働いているためであり，このため液体はできるだけ小さくまとまろうとするわけである．その結果，ワックスがけをした車の車体に乗っている雨粒のように，液滴は表面をピンと引っ張って丸まっているような状態にある．この力を **表面張力**（surface tension）という．表面張力は別の物質を加えることにより変化する．表面張力を著しく大きくする物質はないが，小さくする物質は **界面活性剤**（surfactant, surface active agent）とよばれる．水に対して，多くの無機塩類はあまり表面張力に影響を与えないが，アルコール，石鹸などは表面張力を小さくする．石鹸やシャンプーの泡立ちは，それら界面活性剤の働きにより表面張力が著しく減少し，通常なら表面張力により壊れてしまう泡が壊れずに残るためである．

表 4.2 液体の粘度（20℃）

液体	粘度 $10^{-3}\mathrm{N\,s\,m^{-2}}$
水	1.00
アセトン	0.32
エタノール	1.19
グリセリン	1500
メタノール	0.61

4.4 固体の性質

物質が冷やされて分子運動が穏やかになると，分子，原子同士が相互作用に束縛されて凝集し，決まった位置をとるようになる．この結果，気体や液体が持っていた流動性が失われ，決まった形を持つようになる．密度も高く，温度や圧力が変わってもほとんど体積が変化しない．

4.4.1 結晶とアモルファス

多くの固体では原子，分子が規則正しく並んでおり，**結晶**（crystal）を形作っている（**結晶質**；crystalline substance）．また，定まった配列を示さない **アモルファス**（**非晶質**；amorphous）となる場合もある．結晶質固体は融解するものは定まった融点を持つが，非晶質固体はガラスのように徐々に軟化し，一定の融点を持たない．固体物質はこのような粒子配列に応じた様々な性質を示す．そのため固体物質を取り扱うときに，このような結晶性にしばしば注意が払われる．

結晶質固体のうち，原子，分子の配列の規則性が全体にいきわたっており，1 つの結晶から成り立っているものを **単結晶**（single crystal）といい，規則性が部分的で多くの微細な結晶から成り立っているものを **多結晶**（polycrystal）という．半導体材料などの

特殊なものを除けば多くの固体は多結晶である．多結晶での結晶の境目を**粒界**（grain boundary）という．粒界も固体物質の性質を左右する因子の1つである．

結晶はその規則正しい配列をつくるための原子，分子間の相互作用によって便宜上次の4つに分類される．

共有結合結晶（covalent crystal），**イオン結晶**（ionic crystal）では，原子，イオン同士がそれぞれ共有結合，イオン結合で結び付いており，比較的強く結合しているため沸点・融点は高い．分子同士が弱い分子間力（ファンデルワールス力）で集まっている**分子結晶**（molecular crystal）は，これとは逆に沸点・融点は低く，液体の範囲が狭く，ドライアイスのように昇華するものも多い．

金属結晶は自由電子を持つため電気の導体であるが，それ以外の結晶は，電子が原子や原子間に束縛されていて，自由に動き回れないので，多くは不導体となる．Siなど一部の物質は共有結合結晶でありながら，わずかに伝導電子を持っているものがある．このような物質は導体と不導体の中間の電気伝導性（$10^3 \sim 10^{21}$ S cm）を示す**半導体**（semiconductor）であり，高度な機能を持つ電子材料として重要である．

イオン結晶では，液体になると個々のイオンが動きまわれるため，イオン自身が電荷を運ぶ**イオン伝導**（ionic conduction）性を示すようになる．

金属結合には方向性がないため，図4.4のように金属結晶は外力により変形して原子配列がずれても配列の規則性は保たれ，自由電子による金属結合に変化がないため割れたりしにくく，このため金属は展性，延性に富んでいるが，これ以外の結晶は一般にもろい．イオン結晶は変形により同符号のイオンが接近すると反発しあい，破壊につながる．

以上のような結晶中での原子，イオンなどの構成粒子の配列を次に考えよう．図4.5に示すNaClのイオン結晶の模式図で，Na$^+$

S：
ジーメンス（siemens）と読む．抵抗Ωの逆数，Ω^{-1}である．

表4.3 結晶の分類

	共有結合結晶	イオン結晶	金属結晶	分子結晶
粒子間の相互作用	共有結合	イオン結合	金属結合	ファンデルワールス力
構成粒子	原子	陽イオン，陰イオン	原子	分子
沸点・融点	高い	高い	幅広く分布する	低い 昇華する場合もある
電気伝導性	不導体	固体は不導体 液体はイオン伝導性	導体	不導体
熱伝導性	低い	低い	高い	低い
機械的性質	硬くてもろい	もろい	硬く粘り強い（展性，延性）	軟らかくもろい
例	C（ダイヤモンド） Si, SiO_2	NaCl, $CaCO_3$ $(NH_4)_2SO_4$	Fe, Cu, Au Na, Hg	H_2O（氷） CO_2（ドライアイス） $C_{12}H_{22}O_{11}$（砂糖）

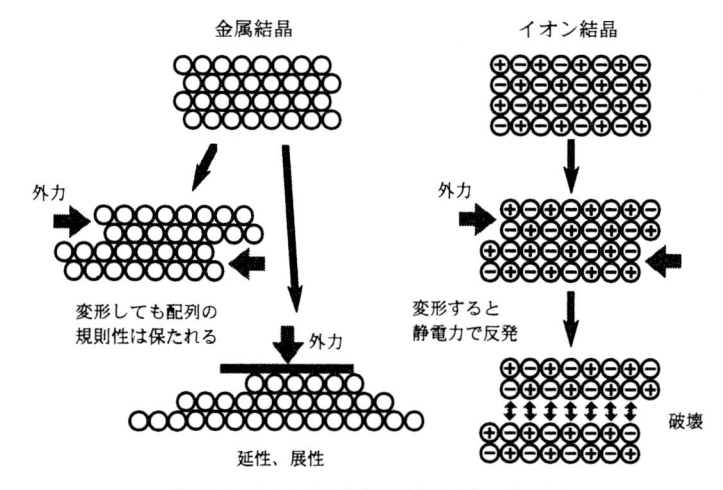

図 4.4 外力により変形を受けたときの模式図

イオンと Cl⁻ イオンは交互に配列しジャングルジムのような格子を形作っている．これが**結晶格子**（crystal lattice）である．結晶格子の最小の構成単位（図 4.5 に網かけで示した）を**単位格子**（unit cell）という．単位格子の頂点には Na⁺ イオンと Cl⁻ イオンが位置するが，この点を**格子点**（lattice point）という．格子点は結晶格子の繰り返しの周期を示す点であり，格子点に必ずしも原子があるとは限らない（分子結晶では格子点に分子がある）．図 4.5 は最も単純な立方体の結晶格子の例であり単純立方格子と呼ばれる．

このほか代表的な格子には図 4.6 のようなものがある．立方体の中心に構成粒子がある**体心立方格子**（boby-centered cubic (bcc) lattice），そしてパチンコ玉をびっしり積み重ねたような**面心立方格子**（face-centered cubic (fcc) lattice）と**六方最密格子**（hexagonal close-packed (hcp) lattice）である．

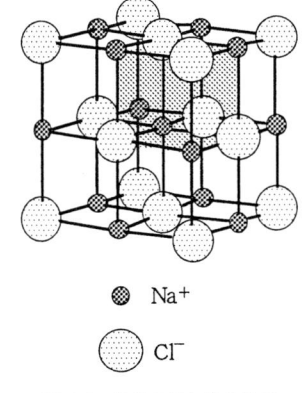

図 4.5 結晶格子と単位格子

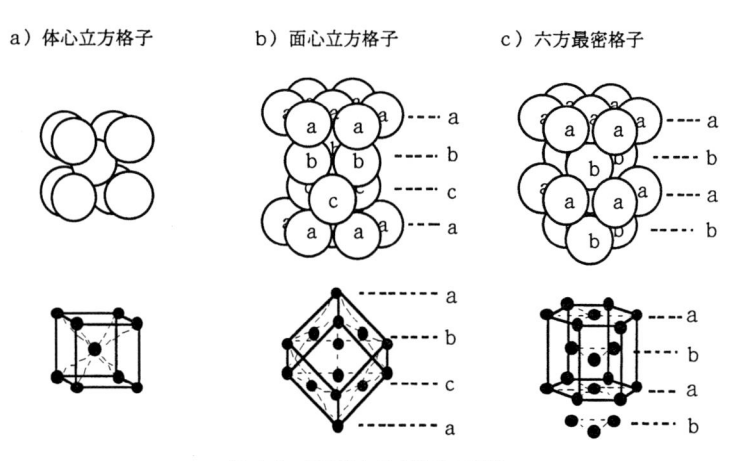

a）体心立方格子　　b）面心立方格子　　c）六方最密格子

図 4.6 代表的な結晶格子の種類

74 4 物質の状態

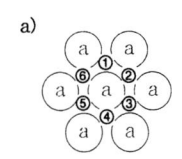

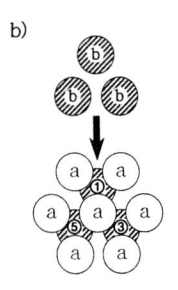

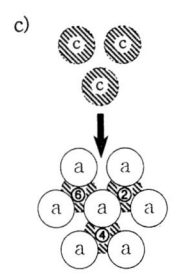

図 4.7 格子面の積層

晶系:
立方晶系, 六方晶系, 三方晶系, 正方晶系, 斜方晶系, 単斜晶系, 三斜晶系の7つである.

X線回折, 電子線回折:
X線, 電子線の進む道のりの差(行路差)が波長の整数倍になる向きの波が強めあい, 回折線として観測される. この条件がブラッグ(Bragg)の式
$$2d\sin\theta = n\lambda$$
で表される. ここでdは格子面間隔, θは格子面と回折線のなす角, λは波長である. より一般的にはラウエ(Laue)の条件として知られる.

例題 4.6 体心立方格子と面心立方格子の単位格子中にはそれぞれ何個の原子が含まれているか.
解) 図 4.6 a)の体心立方格子では, 中心の原子1個と, 1/8が単位格子内に含まれる頂点の原子8個があるから, 合計2個.
　図 4.6 b)の面心立方格子では, 1/8が単位格子内に含まれる頂点の原子8個と, 1/2が単位格子内に含まれる原子が各面の中心に計6個あるから, 合計4個となる.

面心立方格子と六方最密格子は, 球を空間に配置する詰め込み方としては最も密度の高いものであり, **最密充塡構造**(close-packed structure, closest packing structure)とよばれる.

原子aがパチンコ玉をぎっしり入れ物に入れたように並んだ層をa層とすると, 図4.7 a)の中心のa原子のまわりには, すき間が6ヶ所ある. ①③⑤のすき間に次の層の原子がはまりこんで位置する場合がb)であり, ②④⑥のすき間に次の層が位置する場合がc)である. これらの位置にある層をそれぞれb層, c層とよぶとすると, 面心立方格子と六方最密格子は図4.6 b), c)に示したように, 両者は粒子(この場合は原子)の並んだ**格子面**(lattice plane)の積層の仕方が異なるだけである. また面心立方格子はこのようなパチンコ玉の積み重ねを斜めに見ると, 構成粒子が立方体の各頂点と各面の中心とに位置している(図4.6 b)の下側).

単純立方格子, 体心立方格子, 面心立方格子はいずれも立方晶系に属し, 六方最密格子は六方晶系に属する. 全部で7つの形の違う**晶系**(結晶系; crystal system)に分類されている.

物質の属する晶系, 格子の種類などの結晶構造はX線や電子線の回折を利用して調べるのが便利である. X線や電子線は結晶を構成する粒子により反射するが, 位相のそろった反射波が強めあう回折現象を利用して, 格子面の間隔と向きを知る方法である. X線を利用するのがX線回折, 電子線を利用するのが電子線回折である.

液体を冷却し分子運動が穏やかになっていくと, 原子や分子はやがて規則正しい配列をとろうとするが, 分子間の相互作用が強く分子が向きを変えにくい場合などには, 規則正しい配列をとれないまま固まってしまうことがある. この状態の固体(過冷却液体)がアモルファス(非晶質)である. ガラスがその一例であることから, このような状態はガラス状態(vitreous state)ともよばれる.

アモルファス物質は, はっきりした融点を持たず, 加熱すると軟化し, 徐々に液体となる. この温度付近でゆるやかに加熱と冷却を繰り返すことによって, 分子配列がそろう場合がある. これがアモ

ルファスの**結晶化**（crystallization）であり，これにより透明なガラスやプラスチックが白く濁ることから，**失透**（devitrification）とよばれる．

アモルファス物質の多くは，ある温度を境に比熱や膨張率といった物理的性質が不連続的に変化する．この温度を**ガラス転移温度**（glass transition temperature）といい，この温度より高温では次第に液体の性質が現れてくる．

固有の融点を持つ金属などでも，液体状態から急冷することによって，粒子が配列する間もなく凍結させることができる．これもアモルファスの製法の1つであり，液体急冷法といわれる．アモルファスは分子配列に規則性を持たないため，結晶質にしばしば見られる格子の欠陥がなく，高い機械的強度を示したり，そのほか，結晶質には見られなかった特有の性質を示すものがあり，太陽電池や磁気記録材料をはじめとする機能性材料として注目されている．

合金の超能力

人類がはじめて手にした金属は合金であった．青銅器時代，銅とすずの合金である青銅（bronze）は剣や楯のほか，鏡などにも使われた．鉄を使いはじめる（鉄器時代）よりも前のことである．青銅はこのほか寺院の鐘や美術品（ブロンズ像）など幅広く用いられている．このような広い用途は，すずの分量を変えることにより性質が変化することをうまく利用している．

真ちゅう（brass，黄銅）は金色の銅-亜鉛合金で，加工しやすく，さびにくいため，ボタンや金箔などとして日常生活になじみ深い．ブラスバンドでおなじみの金色の金管楽器も真ちゅうでできている．はんだづけに用いられるはんだは，すずと鉛の合金であるが，すず，鉛のいずれよりも融点が低い．軽くて強い合金としてはジュラルミン（duralumin）が有名である．銅，マグネシウム，マンガンなどを含むこのアルミニウム合金は構成元素のいずれよりも強度が高く，航空機の機体の7～8割に用いられている．

以上のように合金のもつすぐれた能力はさまざまな分野に応用されているが，最近ではこれまで以上に，あるいはまったく別の優れた性質をもつ合金も開発されている．

チタン-ニッケル合金には，変形させても熱を加えることにより元の形に戻る「形状記憶性」や，通常の金属の10倍以上変形させても元の形に戻る「超弾性」を示すものがあり，配管の継手（ジョイント）やエアコンの吹き出し口，炊飯器の圧力弁，メガネフレームやワイヤー入りブラジャーの心材などとして身近に利用されている．多量の水素を内部に吸収できる合金もある．水素吸蔵合金と呼ばれ，水素を液体化するよりも多く吸蔵できる．ランタン-ニッケル-コバルト系合金（ミッシュメタル）が有名で，ニッケル水素二次電池などに使われている．磁性材料も合金のオン・パレードであり，コバルト-クロムにタンタルや白金を加えた合金が磁気ディスク（HD）に，テルビウム-鉄-コバルトは光磁気ディスク（MD, MO）に，ネオジム-鉄-ホウ素は超強力磁石にと，多種多様な合金が応用されている．またCD-RW, DVD-RAMなどの書き換え可能な光ディスクにはゲルマニウム-アンチモン-テルル系などが用いられている．超耐熱合金としては，ニッケル-コバルト系にクロム，モリブデン，アルミニウム，タンタル，チタン，炭素，ジルコニウム，ホウ素の実に10種類の金属を混ぜた合金をはじめ数多くの材料が知られている．スーパーアロイと呼ばれるこのような合金はジェットエンジンのタービンなど非常に過酷な状況で広く実用されているのである．

このように合金の金属の組み合わせは多種多様で，しかも組成や熱処理法，加工法などにより，合金の特性は大きく変化する．したがって，その組み合わせは無限に広がる可能性を秘めており，まだ知られていない合金の数々の「超能力」は先端の機能性材料として眠りを覚まされる日を待っている．

4.4.2 固溶体

固体が液体に溶解し溶液となったり，液体どうしが均一に溶けあったりするように，固体同士も原子レベルで均一に混じり合う場合がある．このような状態の固体を**固溶体**（solid solution）という．溶けている溶質の原子が，格子を形成している溶媒の原子と置き換わって固溶体を形成するものを**置換型固溶体**（substitutional solid solution），溶媒原子の格子の中に侵入しているものを**侵入型固溶体**（interstitial solid solution）という．

2種類以上の金属の混合物は**合金**（alloy）とよばれるが，固溶体も合金の一つの形態である．合金にも状態図（p.62）が用いられる．固体は圧力を変えても状態に変化が見られないことがほとんどであるため，圧力一定（通常1 atm）の条件下で，縦軸に温度，横軸に混合物の組成をとって，固溶体や化合物の，結晶構造や組成を表示する．

4.5 溶解と溶液

異なる種類の物質が，原子レベルで均一に混ざり合ってできた液体が**溶液**（solution）である．**溶質**（solute）を**溶媒**（solvent）に溶解して溶液となる．食塩水ならば溶質はNaCl, 溶媒は水である．

4.5.1 溶解

異なる物質同士が混じりあうためには，溶質と溶媒を構成する分子やイオン間の相互作用が強く働く必要がある．食塩が水に溶解するのは，溶質のNa^+とCl^-は，集まって結晶を構成するよりも溶媒である水分子に取り囲まれて1つ1つバラバラになった方が，より安定なためである．このような溶媒分子と溶質との相互作用の結果，溶質は溶媒分子に取り囲まれている．この状態を**溶媒和**（solvation）という．

エタノールは水によく溶けるが，ヘキサンや四塩化炭素は水にほとんど溶けない．水やエタノールは分子中に電気陰性度の低い水素原子と電気陰性度の高い酸素原子を持っており，共有電子対が酸素原子に引き付けられて偏っていて，分子全体で見た場合に電荷の偏り（**双極子モーメント**；dipole moment, **極性**；polarity）がある．このため，分子の正に帯電した部分と負に帯電した部分が静電的に引きあい，水分子間は強い相互作用を持っている．エタノールも同様に極性を持っている．エタノールの極性官能基である-OH基

合金：
固溶体，金属間化合物，混じり合わないもの，がある．

泥水などはかき混ぜても原子レベルで均一にはならず，やがて分離する．このような混合物を**懸濁液**（suspension）という．

水との溶媒和を**水和**（hydration）という．

この相互作用はかなり強く（共有結合の5〜10%），水素結合（p.19）といわれる．

に，静電的な引力で水分子が水和し，エタノール分子同士の集まりから引き離す役割をする．したがって，このような分子同士はよく溶けあうことになる．

ヘキサンは電気陰性度の差が大きい原子を含んでおらず，また四塩化炭素は分子の対称性のため，電荷の偏りが分子全体としては打ち消しあって現れていない．したがって，これらはいずれも分子間の相互作用が弱く（主としてファンデルワールス力），水分子との相互作用も弱いため，水分子同士の相互作用が相対的に強くなり，水分子は水分子同士寄り集まってしまい，混ざり合わなくなる．ヘキサンと四塩化炭素はどちらも分子間の相互作用が弱いので，いずれかが寄り集まる傾向が突出しておらず互いによく溶けあう．

> したがって極性分子どうし，非極性分子どうしは相互によく溶けあう．

4.5.2 希薄溶液の性質

液体に溶質が溶け込むことにより，元の液体の性質が変わるが，希薄溶液においては溶質の種類によらず，溶けている粒子の数だけで決まるいくつかの性質がある．

> このような性質は気体にも見られた．束一的性質（p.66）

砂糖水と水を並べておくと，砂糖水の方が蒸発が遅い．これは水面に不揮発性の砂糖（ショ糖）分子が濃度に応じた割合で存在するためで，このため水の蒸気圧が低くなる（**蒸気圧降下**；depression of vapor pressure）からである．つまり溶媒の蒸気圧は溶液表面の粒子数のうち溶媒が占める比率で決まる．

$$P = x' P_0 = (1-x) P_0 \quad (4.11)$$

P：溶液の蒸気圧，P_0：溶媒の蒸気圧，x：溶質のモル分率，x'：溶媒のモル分率

これを**ラウールの法則**（Raoult's law）という．

> **ラウールの法則**：
> 1887 年にラウール（F. M. Raoult，フランス）が見出した．

蒸気圧が低くなればその溶液の沸点（蒸気圧＝1 atm となる温度）はより高くなる．これが**沸点上昇**（elevation of boiling point）である．溶質粒子の質量モル濃度（p.35）が同じでも溶媒の種類によって沸点上昇の度合いは異なるが，いずれも溶質の種類には無関係に次式で決まる．

$$\Delta T_b = K_b m \quad (4.12)$$

ΔT_b：沸点上昇（K），K_b：モル沸点上昇（K kg mol^{-1}），m：溶質粒子の質量モル濃度（mol kg^{-1}）

代表的な溶媒のモル沸点上昇を表 4.4 に示す．

> **粒子の質量モル濃度**：
> 分子数ではなく粒子数であることに注意．イオンに電離した場合は陽イオンと陰イオンの粒子数の合計で考える．

例題 4.7 水 1 kg に対して以下の物質量（mol）のイオンを含む海水の沸点上昇を求めよ．Na$^+$：0.45，Mg^{2+}：0.05，K$^+$：0.01，Ca^{2+}：0.01，Cl$^-$：0.52，SO$_4^{2-}$：0.03

解） (4.12) 式より

表 4.4 モル沸点上昇

溶 媒	沸点 °C	K_b K kg mol^{-1}
水	100.0	0.512
アセトン	56.2	1.69
四塩化炭素	76.5	5.0
エタノール	78.3	1.07
ベンゼン	80.1	2.54
シクロヘキサン	81.5	2.75
酢 酸	118.5	3.08
ショウノウ	204	6.09
ナフタレン	218	5.08

表 4.5 モル凝固点降下

溶 媒	融点 °C	K_f K kg mol^{-1}
水	0.0	1.86
四塩化炭素	-24.7	29.8
ベンゼン	5.5	5.07
シクロヘキサン	6.2	20.2
酢 酸	16.6	3.9
ナフタレン	80.5	6.9
ショウノウ	178.5	40.0

不純物が含まれると物質の沸点や凝固点が変化する．沸点や凝固点を測定することにより物質が純粋かどうかの手がかりが得られる．

$$\Delta T_b = 0.512 \times (0.45 + 0.05 + 0.01 + 0.01 + 0.52 + 0.03)$$
$$= 0.55 \text{ K}$$

溶媒中に溶けている溶質粒子は溶媒分子の規則的な配列を妨げ，溶媒の融点（凝固点）を降下させる働きも示す．この**凝固点降下**（freezing point depression）も沸点上昇と同様，溶媒の種類によって度合いは異なるが，溶質の種類には無関係に決まる性質である．

$$\Delta T_f = K_f m \qquad (4.13)$$

ΔT_f：沸点上昇（K），K_f：モル凝固点降下（K kg mol^{-1}），m：溶質粒子の質量モル濃度（mol kg^{-1}）

代表的な溶媒のモル凝固点降下を表 4.5 に示す．

冬季間道路の凍結を防ぐために塩化カルシウムを散布するが，これは水の凝固点降下を利用している．

沸点上昇や凝固点降下を扱うときは温度を沸点や融点付近まで変化させるので液体の体積変化の影響を避けるため質量モル濃度を用いる．

例題 4.8 19.9 g の塩化カルシウムを 1 kg の水に溶かしたら凝固点が 1°C 下がった．この結果より塩化カルシウムのモル質量 M を求めよ．

解） 塩化カルシウム（CaCl$_2$）1 mol は電離して 3 mol の粒子となる．(4.13) 式より

$$1 = 1.86 \times \frac{19.9}{M} \times 3$$
$$\therefore M = 111$$

セロファン膜で仕切った U 字管の片方に濃厚な砂糖水（溶液），他方に真水（溶媒）を入れ，数日間放置すると，図 4.8 のようにセロファン膜を通して溶媒が**浸透**（osmosis）し，溶液側の液面が上昇する．

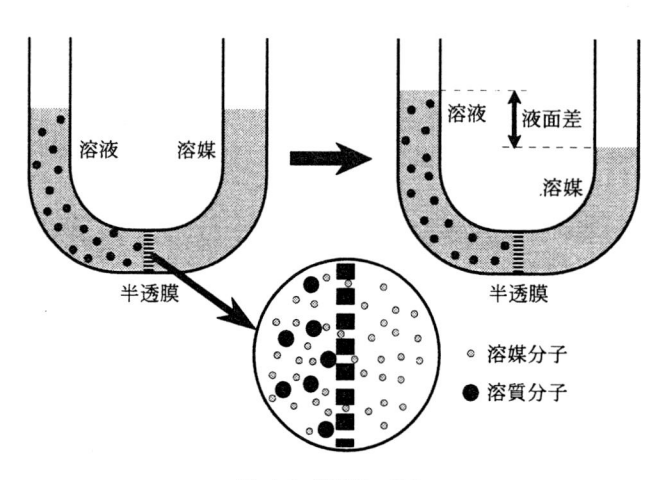

図 4.8 浸透圧の発生

これはセロファン膜の左右に，ある圧力差を生じたことを意味しているが，この圧力を**浸透圧**（osmotic pressure）という．浸透圧は，セロファン膜が小さな溶媒分子は通すが大きな溶質分子は通さないため，溶媒側から溶液側への拡散が優勢となる結果生じる．このような性質をもつ膜を**半透膜**（semi-permeable membrane）といい，細胞膜やボウコウ膜もその一種である．

浸透圧は希薄溶液については次式で表される．

$$\Pi = CRT \tag{4.14}$$

Π：浸透圧，C：溶質粒子のモル濃度，R：気体定数，T：絶対温度（いずれも単位は気体定数の単位とそろえること）

これを**ファントホッフの法則**（van't Hoff's law）という．

気体の状態方程式のところで取り扱ったと同じようにして(4.14)式から，浸透圧の測定により溶媒の分子量を計算することができることになる．また，浸透圧分の圧力を溶液側の液面に与えれば液面差はなくなる．

> **例題 4.9** 血液の浸透圧は 37°C で 7.8 atm である．これと浸透圧が等しい（等張）食塩水を作るには何 g の食塩を水に溶かして 1 L とすれば良いか．
> **解）** (4.14)式より，NaCl は Na^+ と Cl^- に完全解離するので，
> $7.8 = 2 \times C \times 0.0821 \times (273+37)$，$C = 0.153$ mol dm^{-3}
> NaCl のモル質量は 58.5 だから
> $0.153 \text{ mol dm}^{-3} \times 58.5 \text{ g mol}^{-1} = 9 \text{ g}$

$C = n/V$ であるから，(4.14)式は気体の状態方程式と同じである．

ファントホッフの法則：
1887 年，ファントホッフ（J. H. van't Hoff, オランダ）が提唱した．

塩化ナトリウム（NaCl）1 mol は電離して 2 mol の粒子（イオン）となるので，必要な NaCl の物質量は
$0.306/2 = 0.153$ mol
NaCl のモル質量は 58.5 だから
$0.153 \times 58.5 = 9$ g

4.6 液晶とコロイド

4.6.1 液晶

液体のように分子の位置を自由に変えることができるため流動性を持ち，なおかつ固体のように分子が規則的に配列（配向）した状態を**液晶**（liquid crystal）という．液晶物質は液体（liquid）の外観を持ちながら水晶（rock crystal）のように透光性，複屈折性を持っている．

棒状の分子や扁平な分子の中に，このような液晶状態をとるものが知られている．液晶は温度変化により液晶状態となる**サーモトロピック液晶**（thermotropic liquid crystal）と，溶媒に溶け込んだ状態で液晶となる**リオトロピック液晶**（lyotropic liquid crystal）に大別される．また，分子配列の違いにより**スメクチック液晶**（smectic liquid crystal），**ネマチック液晶**（nematic liquid crys-

複屈折性：
光が物質内に入射するときに 2 つの屈折光が現れる現象．透明な方解石の結晶を紙の上に置くと透かして文字が二重に見える現象が知られる．

tal), **コレステリック液晶**（cholesteric liquid crystal）の3種類に分類されている．スメクチック液晶は分子の方向と位置がともにそろった状態で，ネマチック液晶は分子の方向だけがそろった状態，そしてコレステリック液晶は方向がそろった分子の層がらせん状に向きを変えながら積み重なった状態である．

a）スメクチック液晶　b）ネマチック液晶　c）コレステリック液晶

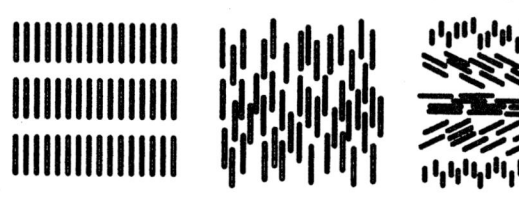

図4.9　液晶の構造

物質の光透過性は分子配列と密接な関係があるが，液晶分子の配列は，電圧や温度，圧力などにより，たやすく変化する．これを利用して外部から電場を印加することにより分子配列を変化させて光の透過性を制御し，LCD（liquid crystal display）として電子機器の表示素子に用いられている．

偏光面の方向が互いに直角な偏光板でネマチック液晶をはさみ，液晶分子を偏光面に沿って配向させた，ねじれネマチック（twisted nematic）液晶の表示素子としての動作原理を図4.10に示す．電圧を加えない状態では偏光板の間の液晶分子の向きに沿って偏光面が回転し，互いに直角な偏光面を持つ2枚の偏光板を光が通り抜けるため光透過性を示す（図4.10a）が，電圧を加えると，発生した電場に沿って液晶分子が配向し，偏光面を回転させる働きがなくなる．その結果，2枚目の偏光板を光が透過できなくなり，光透過性がなくなる（図4.10b）．このような素子を微細化し，縦横にぎっしり配列させたのがLCDである．電圧により発生した電場によって動作するため，原理上，ほとんど電流を消費しない特徴がある．

ネマチック液晶に代わる表示素子材料として，分子の自発分極を利用した強誘電性液晶や反強誘電性液晶などが注目されている．これらは電場をかけない状態での液晶分子の配向を利用しており，表示のメモリー効果があるほか，高速応答性などの優れた特性を示す．

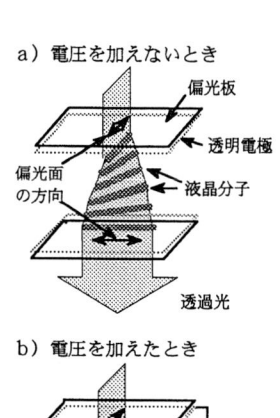

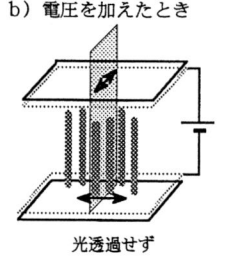

a）電圧を加えないとき

b）電圧を加えたとき

図4.10　液晶表示素子の原理

4.6.2　コロイド

水と油脂類は通常混ざりあわない．サラダにドレッシングをかける前にふり混ぜるが，静置するとやがて分離してしまうであろう．

表 4.6 コロイドの種類

コロイド粒子	分散媒	コロイドの名称	例
液体	気体	エーロゾル	雲, 霧
固体	気体	エーロゾル	煙, ほこり
気体	液体	フォーム（泡）	ホイップクリーム
液体	液体	乳濁液（エマルジョン）	牛乳, マヨネーズ
固体	液体	ゾル	塗料, 泥水
気体	固体	固体フォーム	発泡スチロール, マシュマロ
液体	固体	ゲル	ゼリー, 豆腐
固体	固体	固体ゾル	真珠, ルビー

気体どうしは混じり合ってしまうためコロイドを形成しない.

　一方，牛乳やマヨネーズは，どちらも水分と油脂分からできているが，これらは通常すぐに分離したりしない．このような混合物を**コロイド**（colloid）という.

　およそ1～100 nm程度の大きさの粒子が通常これよりはるかに小さい溶媒（分散媒）中に分散したときコロイド状態（**分散コロイド**；dispersion colloid）となり，このような微粒子は分散媒の分子との衝突のため長期間沈まない．コロイド粒子は分散媒の分子に比べて，はるかに大きいため，通常，コロイドの「濃度」はきわめて小さく，凝固点降下などの現象はほとんど見られない.

　コロイド（分散コロイド）は，表 4.6 のように分類される．われわれの身近なものの多くがコロイドであることがわかる.

　分散コロイドのほかにもコロイドのいくつかの形態が知られている．デンプンやタンパク質の高分子のように分子それ自身がコロイドとなる大きさを持つものもあり，**分子コロイド**（molecular colloid）とよばれる.

　石鹸などの界面活性剤は，ある程度の濃度になると2分子以上がまとまって（**会合**；association），1つの分子のようにふるまい，分子それ自身は小さくてもその集合体がコロイドとなる場合がある．これを**会合コロイド**（association colloid, **ミセル**；micelle）という.

　コロイド粒子は電荷を帯びている．この電荷の符号はコロイド粒子により様々であるが，1つのコロイド溶液中の粒子はすべて同符号の電荷を持つ．したがって，コロイド中に電極を配置し，電圧を加えると反対の符号の電極に向かって粒子が移動する．これを**電気泳動**（electrophoresis）という．環境汚染の防止のため煙中のコロイド粒子を取り除くことなどに応用されている.

　水を分散媒とするコロイドには，水和している**親水コロイド**（hydrophile colloid）と水和していない**疎水コロイド**（hydrophobic colloid）がある．疎水コロイドに電解質を加えると，コロ

イド粒子の電荷が中和されて粒子同士が凝集しやすくなり，沈殿する．これを**凝析**（coagulation, flocculation）という．

疎水コロイドに親水コロイドを加えると親水コロイドがまわりを取り巻き，凝析しにくくなる．これを**保護コロイド**（protective colloid）といい，墨汁中のにかわなどに応用されている．

また，親水コロイドにも多量の電解質を加えると沈殿が起こる．これを**塩析**（salting out）という．

コロイド溶液中を光が通過すると，コロイド粒子により光が散乱され，光の通路が見える．この現象が**チンダル現象**（Tyndall phenomenon）で，これを利用してコロイド粒子の観察をすることができる．コロイド粒子を観察すると粒子は不規則に運動している．これは熱運動している分散媒の分子がコロイド粒子にぶつかるためであり**ブラウン運動**（Brownian motion）とよばれる．これにより分子運動を間接的に肉眼で観察することができる．

> 河川水中の泥のコロイド粒子が海水と出あうと，海水中のイオンにより凝析されて沈殿する場合があり，河口付近に三角州ができるのも，凝析が影響している．

> 雲間から差し込む太陽の光が見えるのもこの現象である．

コロイド粒子の観察：
限外顕微鏡を用いる．これはチンダル現象を利用したもので，通常の光学顕微鏡が $0.25\,\mu m$ 程度までしか見えないのに対して，$0.004\,\mu m$ 程度までの粒子の存在がわかる．

5 物質の化学反応

「祇園精舎の鐘の声，諸行無常の響きあり…」．これは鎌倉時代に作られた『平家物語』の書き出しの一節である．権力を握って栄えていた平氏一門が，やがて源氏との戦いに破れ，滅びていく様子が描かれている．物語の中には，すべてのものは移り変わっていくという考えが流れている．

同じように，化学の世界においても物質はすべて化学反応を起こすと変化していく．酸やアルカリも混ぜると，一瞬のうちに中和反応を起こし，水と塩に変わってしまう．妖しく光っていた日本刀も，やがては錆びてぼろぼろになる．永遠の輝きを持つダイヤモンドにしても，燃えれば炭酸ガスに変わる．

いろいろな物質同士の反応が進行するかどうかは熱力学（thermodynamics）という学問領域で取り扱われる．その時に扱われる概念の1つが平衡である．前章では蒸気圧に関連して気相と液相の気液平衡状態について述べた．物質の化学反応を考えるときでも，反応物質と生成物質の量に見かけ上変化がなくなる状態がある．このような状態を**化学平衡**（chemical equilibrium）という．

> 化学反応が自然に進む方向は，「熱は温度の高いほうから低いほうに流れる」という熱力学第二法則などを用いて予想することが可能である．

5.1 化学反応と平衡

5.1.1 化学平衡

水素を酸素中で燃焼させると，爆発的に反応は進行し水が生成する．

$$2\,H_2 + O_2 \longrightarrow H_2O$$

反応の収率はほぼ100%であり水素と酸素の比が2：1であるかぎり，すべて水になってしまい，反応ガスは残らない．つまり反応は一方的に右へ進むことになる．このような反応は不可逆反応という．

> ただし水も2500℃以上の高温では酸素と水素に分解する．このとき反応は一方的に左に進む．

例5.1 気体が発生する反応，沈殿が生成する反応，中和反応などは不可逆反応である．

$$MgCO_3(s) + 2\,HCl(aq) \longrightarrow MgCl_2(aq) + H_2O + CO_2(g)\uparrow$$
$$BaCl_2(aq) + H_2SO_4(aq) \longrightarrow BaSO_4(s)\downarrow + 2\,HCl(aq)$$

$$NaOH(aq) + HNO_3(aq) \longrightarrow NaNO_3(aq) + H_2O$$

これらの不可逆反応とは別に，いくら時間をかけても100%の収率が得られない反応もある．水素とヨウ素を425℃の気相で反応させると次式に示すようにヨウ化水素が生成する．

$$H_2 + I_2 \longrightarrow 2HI$$

理論的には，水素1molとヨウ素1molが反応し，ヨウ化水素2molが生成するはずである．しかし，実際には，いくら時間をかけても，ヨウ化水素は理論から予想される量には達せず，1.58molが生成するのみで，水素とヨウ素が0.21molずつ残っている．

	H_2	+	I_2	$\longrightarrow$	$2HI$	
	1 mol		1 mol		0 mol	（はじめの状態）
	0.21 mol		0.21 mol		1.58 mol	（十分時間経過後の状態）

逆にヨウ化水素2molを容器に入れ，425℃で十分長い時間放置すると，ヨウ化水素は1.58mol残り，水素とヨウ素が0.21molずつ生成している．

	$2HI$	$\longrightarrow$	H_2	+	I_2	
	2 mol		0 mol		0 mol	（はじめの状態）
	1.58 mol		0.21 mol		0.21 mol	（十分時間経過後の状態）

つまりこの反応では，図5.1のように生成反応と分解反応がつりあって平衡に達している．

$$H_2 + I_2 \rightleftarrows 2HI$$

反応には速度がある．しかし，図5.1の十分時間が経過したところでは，正反応の速度と逆反応の速度とが等しくなっている．このような状態になったとき，**化学平衡**が成立したという．化学平衡が成立するような反応を**可逆反応**という．いったん，生成物が生じても，再び反応して，元の反応物に戻れる反応ともいえる．

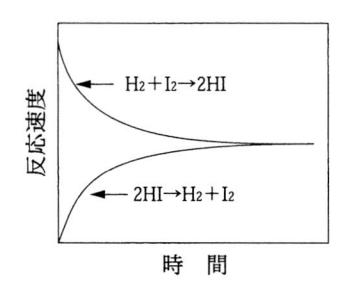

図5.1 反応の速度がつりあうと平衡に達する．

化学反応がどのように起こり，そのときの速度はどの程度になるかなどを研究する分野は，化学反応速度論 (chemical kinetics) といわれている (p.114).

例5.2 弱酸の解離，無機塩の溶解，結晶化過程なども可逆反応である．

$$CH_3COOH \underset{酸生成}{\overset{解離}{\rightleftarrows}} CH_3COO^- + H^+$$

$$NaCl(s) \underset{塩生成}{\overset{解離}{\rightleftarrows}} Na^+(aq) + Cl^-(aq)$$

平衡状態にある化学反応においては，反応物の濃度と生成物の濃度の間にはある関係が見られる．1862年，ベルトロー (P. E. M.

Berthelot) とギルス（S. Gilles）はエタノールと酢酸が反応して酢酸エチルと水ができる反応を調べ，平衡状態においては，生成物濃度の積と反応物濃度の積の比は一定であることを発見した．すなわち平衡定数という概念の導入である．

次の可逆反応

$$aA + bB \rightleftarrows cC + dD$$

について考えると

$$\frac{[C]^c[D]^d}{[A]^a[B]^b} = K_{eq} = 一定（一定温度で） \quad (*)$$

[A] は A の濃度を示し，定数 K_{eq} はこの反応の**平衡定数**（equilibrium constant）とよばれる．一般的にはこの式において左辺の反応物濃度の積を分母にする．平衡定数は温度により変化するが，反応物の初濃度には影響されない．

正反応と逆反応の反応速度が等しくなるという条件で，平衡定数 K_{eq} が一定になることを示すことができる（p.119）．

例題 5.1 1.0 mol の水素，1.0 mol のヨウ素，1.0 mol のヨウ化水素を体積 V の容器に入れ 425°C で混合した．十分に時間が経過して平衡状態に達したとき，各化合物の物質量はいくらになるか．ただし，次の反応の平衡定数は 49 とする．

$$H_2 + I_2 \rightleftarrows 2HI$$

解） H_2 と I_2 の物質量が，それぞれ x だけ反応して $2x$ の HI に変化して平衡状態になったとすれば，その濃度は次のように変化したことになる．

	H_2	I_2	HI
はじめの状態	1.0 mol/V	1.0 mol/V	1.0 mol/V
平衡状態	(1.0 mol$-x$)/V	(1.0 mol$-x$)/V	(1.0 mol$+2x$)/V

定義にしたがって，平衡式に代入して x を求める．

$$\frac{\{(1\,\text{mol}+2x)/V\}^2}{\{(1\,\text{mol}-x)/V\}\{(1\,\text{mol}-x)/V\}} = 49$$

$$\frac{(1\,\text{mol}+2x)/V}{(1\,\text{mol}-x)/V} = 7$$

$$(1\,\text{mol}+2x) = 7(1\,\text{mol}-x)$$

$$\therefore\ x = 0.67\,\text{mol}$$

したがって平衡状態での濃度は，H_2 と I_2 が $(1\,\text{mol}-0.67\,\text{mol})/V = 0.33\,\text{mol}/V$ で，HI の濃度は $(1\,\text{mol}+2\times0.67\,\text{mol})/V = 2.34\,\text{mol}/V$ となり，体積 V の容器中には H_2 と I_2 が 0.33 mol，HI が 2.34 mol 存在する．

5.1.2 平衡定数の表し方

平衡定数 K_{eq} は，（*）式においては各成分が濃度で表されているので，それに対応した次元を持っているが，取り扱う物質が気体の場合は，気体の濃度を分圧で示したほうが実際的な場合がある．

各気体成分が平衡状態にあり，各々の分圧が P_i でかつ理想気体

の法則が適用できるとすると，
$$P_i V_i = n_i RT$$
n_i/V は濃度であるから（＊）式に代入すると
$$\frac{(P_c/RT)^c (P_d/RT)^d}{(P_a/RT)^a (P_b/RT)^b} = K_{eq}$$
$$\frac{(P_c)^c (P_d)^d}{(P_a)^a (P_b)^b} = K_{eq}(RT)^{c+d-a-b}$$

左辺は分圧の積になっているのでこれを K_p として分圧で表した平衡定数とする．また K_{eq} は濃度で表した平衡定数という意味で，あらためて K_c と書き換えると
$$K_p = K_c(RT)^{c+d-a-b} = K_c(RT)^{\Delta n}$$
となる．ここで Δn は反応による気体の物質量の変化である．

例題 5.2 次の二酸化窒素と四酸化二窒素の気相平衡において，温度を 25℃ に保ちながら，全圧を 1 気圧（101.3 kPa）から 100 気圧（1.013×10^4 kPa）に加圧したら生成物の比はどのように変わるか．ただし 25℃ で次の反応の K_p は 7.04×10^{-2} kPa^{-1} である．
$$2\,NO_2 \rightleftharpoons N_2O_4$$

解） 定義により平衡式は
$$K_p = (P_{N_2O_4})/(P_{NO_2})^2$$
で表される．1 気圧で NO_2 の分圧を x とすると N_2O_4 の分圧は（101.3 kPa$-x$）となる．平衡式に数値を代入して x に関する 2 次方程式を解くと，x は 31.4 kPa となる．したがって，N_2O_4 は NO_2 の (101.3$-$31.4)/31.4 から 2.2 倍存在する．100 気圧での NO_2 の分圧を y とすると N_2O_4 の分圧は（10130 kPa$-y$）となる．これらを平衡式に代入すると y は 371 kPa と求められる．このとき N_2O_4 は NO_2 の (10130$-$371)/371 から 26 倍存在することになる．このように圧力を増加すると平衡は物質量の少ないほうに移動し，N_2O_4 の収量を多くすることができる．

ル・シャトリエの原理：
フランスの化学者ル・シャトリエ（H. L. Le Chatelier）が，1884 年にセメントの化学的研究から提唱した化学平衡に関する法則．

5.1.3 ル・シャトリエの原理

平衡状態にある物質系に応力が加わると，平衡はその作用の影響を弱める方向に変化する．これを**ル・シャトリエの原理**（Le Chatelier's principle）といい，物理的変化，化学的変化のいずれにも適用できる．例えば，
$$N_2 + 3\,H_2 \rightleftharpoons 2\,NH_3$$
の反応系において全体の圧力を増加すると（圧縮すると），圧力増加の影響を弱める方向に平衡が移動する．すなわち，平衡は NH_3 の生成量が増加する方向（右方向）に移動する．なぜなら，左辺の状態よりも右辺の状態の方が全物質量は少なくなり，右に移動した方が圧力の増加を防げるからである．また，この反応は発熱反応な

ので，反応温度は低いほうが平衡は右に移動する．なぜなら，反応が右に進むと発生する熱量が増加し，温度の低下を防げることになるからである．したがって，アンモニア合成には高圧化，低温の方が良いことになる．実際には，温度が低すぎると反応の速度が遅くなり，合成時間が長くなるため，温度 400～500℃，圧力 150～300 atm で合成されている．

5.1.4 難溶性塩とイオンとの平衡

写真に用いられる塩化銀や鍾乳洞を作る炭酸カルシウムなどの塩は水に溶けにくいため，難溶性塩といわれる．難溶性塩についても解離平衡を考えることができる．すでに沈殿が生成する反応は不可逆反応であると述べたが，これは平衡が極端に沈殿生成に偏っていることを意味している．これらの難溶性塩を多量の水に加えると，一部は溶け水溶液中で次のような平衡が成立する．

$$AgCl(s) \rightleftarrows Ag^+(aq) + Cl^-(aq)$$

固体の塩化銀が少しでも残っている限り，溶け出した塩化銀は飽和溶液になっており，その平衡定数は

$$K = [Ag^+][Cl^-]$$

と書ける．K はイオン濃度の積の形をしており，溶解度にも関連付けられるので，**溶解度積** (solubility product constant) とよばれ，K_{sp} と表される．

一定量の水に溶ける塩の量は，水に溶けにくい塩ほど，溶け出すイオンの濃度も低い．したがって，溶解度積も小さくなる．溶解度積は難溶性塩の溶解度の尺度といえる．

$AgCl$ の　　$K_{sp} = [Ag^+][Cl^-] = 1.8 \times 10^{-10}$
$CaCO_3$ の　$K_{sp} = [Ca^{2+}][CO_3^{2-}] = 5.0 \times 10^{-9}$
$BaSO_4$ の　$K_{sp} = [Ba^{2+}][SO_4^{2-}] = 1.1 \times 10^{-10}$

例題 5.3 水 1 L に溶ける塩化銀の量を求めよ．

解) 水 1 L に溶ける塩化銀のモル数を x とすると，溶解度積の定義より

$$K_{sp} = [Ag^+][Cl^-] = x \cdot x = 1.8 \times 10^{-10}$$
$$x = 1.3 \times 10^{-5}$$

したがって，25℃における AgCl の溶解度は 1.3×10^{-5} mol L^{-1} である．また g L^{-1} 単位で表すと，溶解度は

$$143.3 \text{ g mol}^{-1} \times 1.3 \times 10^{-5} \text{ mol L}^{-1} = 1.9 \times 10^{-3} \text{ g L}^{-1}$$

となる．

無機化合物の溶解度：

水に溶ける程度によって，いろいろな表わし方がある．
(1) 飽和溶液 100 g 中に含まれる無水物の質量（g）
　　[= wt%]
(2) 飽和溶液 1 L 中に含まれる無水物の質量（g）
　　[= g L^{-1}]
(3) 飽和溶液 1 L 中に含まれる無水物のモル濃度 M
　　[= mol L^{-1}]

定義によれば左の不均一系の平衡では $K = [Ag^+][Cl^-]/[AgCl]$ となる．しかし，固体の溶解度は固体の量に無関係であるので K に含ませて省略した方が使いやすい．単位は濃度 M のべき乗になるが，明記しないことが多い．

多くの物質の溶解過程は吸熱反応であるため，温度の上昇とともに溶解度は増加する．したがって，溶解度積も増大し，100℃における塩化銀の K_{sp} は 5℃ の 100 倍にもなる．

5.2 酸と塩基の反応

5.2.1 酸・塩基の概念

「酸」という概念は，酢酸（木酢）に代表されるように，古くから「酸っぱいもの」というイメージで身近に受入れられてきた．また，酸の性質を中和し，苦みのある塩をつくるものを「塩基」（塩の基）とよんでいた．今日のような酸塩基の概念が確立されるまでには，いろいろな定義が考えられてきた．

1) アレニウスの考え方

アレニウス（S. A. Arrhenius）は 1884 年に電離説を提案し，酸，塩基および塩を次のように定義した．

酸：水に溶けてプロトン（H^+）を出す物質

$$HCl \longrightarrow H^+ + Cl^- \quad (HCl が酸)$$
$$H_2SO_4 \longrightarrow 2\,H^+ + SO_4^{2-} \quad (H_2SO_4 が酸)$$

塩基：水に溶けて水酸化物イオン（OH^-）を出す物質

$$NaOH \longrightarrow Na^+ + OH^- \quad (NaOH が塩基)$$
$$Ca(OH)_2 \longrightarrow Ca^{2+} + 2\,OH^- \quad (Ca(OH)_2 が塩基)$$

また，水に溶けて水素イオンでない陽イオンと水酸化物イオンでない陰イオンとに分かれる物質を塩と定義した．

$$NaCl \longrightarrow Na^+ + Cl^- \quad (NaCl が塩)$$
$$K_2SO_4 \longrightarrow 2\,K^+ + SO_4^{2-} \quad (K_2SO_4 が塩)$$

塩の中には解離すると，金属イオンと水素イオンの両方を放出するものもある．パンのふくらし粉に用いられる重曹は $NaHCO_3$ と書かれ，水の中で次のように解離する．

$$NaHCO_3 \longrightarrow Na^+ + H^+ + CO_3^{2-}$$

この物質は塩であり，同時に酸でもある．このような物質は酸性塩とよばれる．さらし粉の 1 成分 $Ca(OH)Cl$ は水中で解離すると，水酸化物イオンを出す．このような物質は塩基性塩とよばれる．

$$Ca(OH)Cl \longrightarrow Ca^{2+} + OH^- + Cl^-$$

2) ブレンステッド-ロウリーの考え方

ブレンステッド（J. N. Brønsted）とロウリー（T. M. Lowry）は 1923 年にそれぞれ独立に，アレニウスの理論を発展させて，プロトンの授受に基づいた定義を提案した．

酸　：H^+ を放出する物質（ブレンステッド酸）
塩基：H^+ を受けとる物質（ブレンステッド塩基）

H^+ を放出するものを酸とする点では，アレニウスの定義もブレンステッド-ロウリーの定義も同じである．しかし，塩基に関し

ては，アレニウス理論では OH^- を放出するものに限定しているのに対し，ブレンステッド-ロウリー理論では H^+ を受けとるものはすべて塩基と考えている点が異なる．

ブレンステッド-ロウリーの考え方によると，水溶液中での酢酸およびアンモニアの解離は次のように表される．

$$CH_3COOH + H_2O \rightleftharpoons CH_3COO^- + H_3O^+$$
　　　酸　　　　塩基　　　　　塩基　　　　酸

$$NH_3 + H_2O \rightleftharpoons NH_4^+ + OH^-$$
　　塩基　　酸　　　　　酸　　　　塩基

塩酸のような強酸が水に溶けると，水と反応してヒドロニウムイオンと酸の陰イオンができる．

$$HCl + H_2O \longrightarrow H_3O^+ + Cl^-$$

この反応は右方向に偏っており，水素イオンは水と結合した H_3O^+ になっている．

3) ルイスの考え方

ルイス (G. N. Lewis) はブレンステッドらと同じ年に彼らの理論を発展させて，プロトンの移動に限定されない考え方を発表した．

　酸　：電子対を受け入れる物質
　塩基：電子対を与える物質

この考え方によると，電子対が欠けているものは，分子でもイオンでもルイスの酸である．

a) $:\!\ddot{Cl}\!:\!Al\!:\!\ddot{Cl}\!:$　塩化アルミニウム　　b) $:\!\ddot{O}\!:\!S\!:\!\ddot{O}\!:$　無水硫酸
　　　　$\ddot{Cl}$　　　　　　　　　　　　　　　$\ddot{O}$

c) H^+　水素イオン　　　　　d) Zn^{2+}　亜鉛イオン

また，相手の分子やイオンと結合できる電子対を持っているものはルイスの塩基である．

a) $H\!:\!\ddot{N}\!:$　アンモニア　　b) $:\!\ddot{O}\!:\!H^-$　水酸化物イオン
　　$\overset{H}{\underset{H}{}}$

c) $H\!:\!\ddot{O}\!:\!H$　水　　　　　d) $:\!\ddot{Cl}\!:^-$　塩化物イオン

e) $:\!\ddot{O}\!:^{2-}$　酸素イオン　　f) $H\!:\!\ddot{N}\!:\!H^-$　アミドイオン

プロトンは電子対を受け入れるのでルイスの酸であり，水酸化物イオンは電子対を与えるのでルイスの塩基である．

$$\text{H}^+ \ + \ :\!\ddot{\text{O}}\!:\!\text{H}^- \ \longrightarrow \ \text{H}\!:\!\ddot{\text{O}}\!:\!\text{H}$$

酸性（電子対がない）　塩基性（電子対がある）

非金属の酸化物と水との反応は，ルイスの酸-塩基反応である．

$$\underset{\text{Lewis酸}}{\text{SO}_3} \ + \ \underset{\text{Lewis塩基}}{\text{H}_2\text{O}} \ \longrightarrow \ \text{H}_2\text{SO}_4$$

5.2.2 酸と塩基の強さ

　酸と塩基は「強酸と強塩基」，および「弱酸と弱塩基」に分けられる．表5.1に強酸と強塩基の例をあげる．これらの強酸，強塩基は水に溶かすと，ほとんどその構成イオンに解離する．弱酸と弱塩基の例を表5.2にあげる．弱酸と弱塩基は完全にはイオン化しない酸と塩基である．例えば，1.0 Mの酢酸の水溶液では，わずか0.4％がイオン化して水素イオンと酢酸イオンに分かれているにすぎない．金属亜鉛を硫酸や酢酸に浸すと，図5.2のように硫酸の中では激しく反応するが酢酸では反応しない．金属亜鉛は塩基であり，強酸の硫酸とは速やかに反応する．

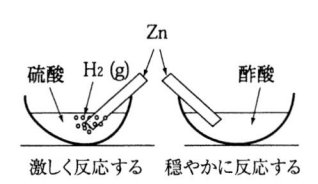

図 5.2 強酸（硫酸）と弱酸（酢酸）の違い
$\text{Zn} + \text{H}_2\text{SO}_4 \longrightarrow \text{ZnSO}_2 + \text{H}_2(\text{g})$

表 5.1 強酸と強塩基の例

	名称	化学式
酸	塩酸	HCl
	硝酸	HNO_3
	硫酸	H_2SO_4
塩基	水酸化ナトリウム	NaOH
	水酸化カリウム	KOH
	水酸化バリウム	Ba(OH)_2

表 5.2 弱酸と弱塩基の例

	名称	化学式
酸	酢酸	CH_3COOH
	炭酸	H_2CO_3
	ホウ酸	H_3BO_3
塩基	アンモニア	NH_3
	水酸化亜鉛	Zn(OH)_2

梅干しは酸っぱいのにアルカリ食品？

　人間の血液のpHはほぼ7.40に保たれているが，食べた食品がすべて身体の中で分解したときに，その血液のpHをどちら側へ動かすかによって，酸性食品かアルカリ性食品かを区別している．

　一方，栄養学の本では，食品の酸性，アルカリ性について，食品100 gを空気中で燃やし，その灰を中和するのに必要な0.1 Mアルカリ（または酸）の量から酸価（またはアルカリ価）を定めている．したがって，水素，酸素，炭素からだけでできている食品は，完全燃焼すると，水と炭酸ガスになって飛んでしまい何も残らない．酸性，アルカリ性は燃えかすだけについて考えていることになる．

　梅干しも，ほとんどが有機物からできており，水と炭酸ガスになってしまうので，燃えかすの中にナトリウムやカリウムが多いと灰はアルカリ性になる．もし硫黄やリンが含まれていると，酸性酸化物が生じるので，この食品は酸性ということになる．

　実際の体の中で起こっている反応は，複雑で空気中での燃焼とはかなり異なっている．また，血液のpHを動かすのは炭酸ガスなどの影響の方がはるかに大きいので，食品の酸度やアルカリ度と結びつけるのは困難となる．よく栄養学の本には酸度やアルカリ度が4桁も書いてあるがあまり意味がない．善意に解釈すると「なるべく偏食せずに，いろいろなものを食べなさい」という教えかもしれない．

5.2.3 中和反応と加水分解

スーパーで売っている錠剤のラムネの素を冷たい水に入れると，ジュージューと音がしてラムネ水ができあがる．泡が出たのは錠剤中の酒石酸（酸）と重曹（塩基）が水の中で反応し，炭酸ガスが発生したためである．

$$\underset{\text{酒石酸}}{C_2H_2(OH)_2(COOH)_2} + 2\,\underset{\text{重曹}}{NaHCO_3}$$
$$\longrightarrow \underset{\text{酒石酸ナトリウム}}{C_2H_2(OH)_2(COONa)_2} + 2\,\underset{\text{水}}{H_2O} + 2\,\underset{\text{炭酸ガス}}{CO_2}$$

この反応で酒石酸は酸として，重曹は塩基として働いており，できた酒石酸ナトリウムは塩である．このように酸と塩基から水ができる反応を**中和反応**（neutralization reaction）という．

また，塩と水が反応し，逆に酸と塩基ができる反応は**加水分解**（hydrolysis）とよばれる．例えば，酢酸ナトリウムを水に溶かすと加水分解が起こり，微量の酢酸と水酸化物イオンができる．

$$CH_3COONa + H_2O \longrightarrow CH_3COOH + Na^+ + OH^-$$

酢酸は分子の形で存在しているので，溶液は微量に存在する OH^- のために微アルカリ性を呈するようになる．

水素イオンと水酸化物イオンの結合はきわめて速く起こるので，中和反応は瞬時に完了する．しかし，加水分解の程度はその塩を構成している酸および塩基の強さに依存する．

5.2.4 水素イオン濃度とpH

水は，わずかではあるがイオン化し，水溶液中には**ヒドロニウムイオン**と水酸化物イオンの両方が存在している．

$$H_2O + H_2O \rightleftharpoons \underset{\text{ヒドロニウムイオン}}{H_3O^+} + \underset{\text{水酸化物イオン}}{OH^-}$$

このヒドロニウムイオンは水素イオンが水分子と結合していることを表している．水分子との結合を強調しなくてもよい場合は，簡単に次のように書くこともできる．

$$H_2O \rightleftharpoons H^+ + OH^-$$

水溶液中の水素イオンと水酸化物イオンの相対的な濃度によって，水の性質を酸性，中性，塩基性（アルカリ性）に分けることができる．

- 酸性 ：$[H^+] > [OH^-]$
- 中性 ：$[H^+] = [OH^-]$
- 塩基性：$[H^+] < [OH^-]$

水溶液中の水素イオンと水酸化物イオンの濃度に関しては，次のような関係が成立することが知られている．

酒石酸：
　天然に多く存在し，飲料用の酸味として使われる．ブドウの酸味の主成分

中和反応：
　簡単に書くと
　　$H^+ + OH^- \longrightarrow H_2O$
H^+ および OH^- の移動する速度はイオンの中でも極めて大きいので，反応はわずか100万分の1秒以下で完結する．

ヒドロニウムイオン：
　水和したプロトン H^+ をいう．この意味では H_3O^+ と表わされるが，水中では実際には $H^+(H_2O)_4$ の状態がふつう．

水のイオン積：
K_w の値は正確には 25℃ で $10^{-13.996}$ であり，温度が 1℃ 上昇すると約 8% 増加する．

$$[H^+][OH^-] = K_w = 1 \times 10^{-14}$$

この定数 K_w は**水のイオン積**と呼ばれる．この式を使うと中性での H^+ および OH^- の濃度は 10^{-7} M となる．

$$[H^+] = [OH^-] = (1 \times 10^{-14})^{1/2} = 1 \times 10^{-7}$$

このように水溶液中の水素イオンや水酸化物イオンの濃度を考えるときには，いつも非常に小さな数値を扱うことになる．小数点以下のゼロが多く付く数を取り扱うことを避けるために，溶液中の酸や塩基の濃度は，次のような式で定義される pH 単位や pOH 単位で表すと便利である．

$$pH \equiv -\log[H^+], \quad pOH \equiv -\log[OH^-]$$

例 5.3 0.001 M HCl の pH は 3 である．

$$\underset{0.001\,M}{HCl} \longrightarrow \underset{0.001\,M}{H^+} + Cl^-$$

$$pH = -\log[H^+] = -\log(1 \times 10^{-3}) = -(-3) = 3$$

例 5.4 0.001 M NaOH の pOH は 3 である．

$$\underset{0.001\,M}{NaOH} \longrightarrow Na^+ + \underset{0.001\,M}{OH^-}$$

$$pOH = -\log[OH^-] = -\log(1 \times 10^{-3}) = 3$$

純水は中性の性質を示し，pH 7 である．pH が 7 より小さい溶液は酸性であり，pH が 7 より大きい溶液は塩基性である．塩基性溶液の pH を計算するには 2 通りの方法がある．

(1) 水のイオン積の数値を用いて，水酸化物イオンの濃度から，水素イオンの濃度を求め pH を計算する．
(2) pOH を計算し，それを 14 から引いて pH を求める．

例 5.5 0.0001 M KOH の pH は 10 である．

$$\underset{0.0001\,M}{KOH} = K^+ + \underset{0.0001\,M}{OH^-}$$

(1) の方法

$[H^+][OH^-] = 10^{-14}$ より $[H^+] = 1 \times 10^{-14}/[OH^-]$

$[OH^-] = 1 \times 10^{-4}$ を代入して

$[H^+] = 1 \times 10^{-14}/1 \times 10^{-4} = 1 \times 10^{-10}$

$$pH = -\log(1 \times 10^{-10}) = 10$$

(2) の方法

$[H^+][OH^-] = 10^{-14}$ より

$\log[H^+] + \log[OH^-] = \log(10^{-14})$

$$(-\log[\text{H}^+]) + (-\log[\text{OH}^-]) = \log 10^{14}$$

したがって pH+pOH=14

ここでは $[\text{OH}^-]=1\times 10^{-4}$ だから pOH=4

$$\text{pH}=14-\text{pOH}=14-4=10$$

5.2.5 弱酸,強塩基の解離

弱酸である酢酸は解離して,水素イオンと酢酸イオンを生ずる.

$$\text{CH}_3\text{COOH} \rightleftharpoons \text{CH}_3\text{COO}^- + \text{H}^+$$

この反応の平衡定数は

$$K_\text{a} = \frac{[\text{CH}_3\text{COO}^-][\text{H}^+]}{[\text{CH}_3\text{COOH}]}$$

と書かれ,K_a は**酸解離定数**(acid dissociation constant),あるいは,**イオン化定数**(ionization constant)といわれる.K_a が大きいほど,放出される H^+ の濃度は大きくなることから,酸解離定数は,酸性度を示す尺度といえる.

弱塩基の水酸化アンモニウムに対しては

$$\text{NH}_4\text{OH} \rightleftharpoons \text{NH}_4^+ + \text{OH}^-$$

$$K_\text{b} = \frac{[\text{NH}_4^+][\text{OH}^-]}{[\text{NH}_4\text{OH}]}$$

と書くことができ,K_b は**塩基解離定数**(base dissociation constant)とよばれる.K_b が大きいほど,たくさんの OH^- が放出されることになる.

弱酸も弱塩基も解離の程度が小さいことを考慮すると K_a,K_b の値は1よりはるかに小さな値となる.そこで水素イオンの場合の

図書館から本が消える? 酸性紙とは

水性ボールペンで紙に字を書くとき,ティッシュペーパーではにじむが,普通の紙にはしっかりと字が書ける.実は,私たちが何気なく使っている紙には,インキや墨などで字を書いてもにじまないように,「サイジング」という処理が施されている.

昔から和紙の「サイジング」にはトロロアオイやヒガンバナの粘液が用いられてきた.昭和になると,ロジンという松脂(まつやに)から得られる材料に,硫酸アルミニウムを混ぜたものが使われるようになった.このような紙は「酸性紙」とよばれている.紙の中の硫酸アルミニウムはセルロースと結合して,紙の目を埋めインキがにじまないようにしてくれる.しかし,硫酸アルミニウムが分解すると水酸化アルミニウムとなり,少しずつ硫酸が生じる.昔から希硫酸で紙に文字や絵を書くと,やがて紙のセルロースが分解して黒くなることが知られている.火であぶると反応は速くなり,いわゆる「あぶりだし」になる.本の形にしたものでも,何十年と保存しているうちには,ゆっくりとこの反応が進み,やがてセルロースが侵されて紙は黒くなり,ぼろぼろになってしまう.

最近になって辞書や,六法全書など長く使われるものには,硫酸アルミニウムを用いない「中性紙」が用いられるようになってきた.しかし,世の中の大半の印刷物は価格的に安い酸性紙が使われているので,各地の図書館などでは対策に苦慮している.法隆寺にある「百万塔陀羅尼(ひゃくまんとうだらに)」などは1000年以上も前の印刷物であるが,和紙古来の製法のおかげで今でも明瞭に判読できる.

表 5.3 いくつかの弱酸および弱塩基の解離定数

弱酸	解離反応	K_a	pK_a
フッ化水素酸	$HF \rightleftharpoons H^+ + F^-$	6.5×10^{-4}	3.19
亜硝酸	$HNO_2 \rightleftharpoons H^+ + NO_2^-$	4.5×10^{-4}	3.35
ギ酸	$HCHO_2 \rightleftharpoons H^+ + CHO_2^-$	1.8×10^{-4}	3.74
酢酸	$HC_2H_3O_2 \rightleftharpoons H^+ + C_2H_3O_2^-$	1.8×10^{-5}	4.74
プロピオン酸	$HC_3H_5O_2 \rightleftharpoons H^+ + C_3H_5O_2^-$	1.4×10^{-5}	4.85
次亜塩素酸	$HOCl \rightleftharpoons H^+ + OCl^-$	3.1×10^{-8}	7.51
シアン化水素酸	$HCN \rightleftharpoons H^+ + CN^-$	4.9×10^{-10}	9.31

弱塩基	解離反応	K_b	pK_b
メチルアミン	$CH_3NH_2 + H_2O \rightleftharpoons CH_3NH_3^+ + OH^-$	3.7×10^{-4}	3.43
アンモニア	$NH_3 + H_2O \rightleftharpoons NH_4^+ + OH^-$	1.8×10^{-5}	4.74
ヒドロキシルアミン	$NH_2OH + H_2O \rightleftharpoons NH_3OH^+ + OH^-$	1.1×10^{-8}	7.97
ピリジン	$C_5H_5N + H_2O \rightleftharpoons C_5H_5NH^+ + OH^-$	1.7×10^{-9}	8.77
アニリン	$C_6H_5NH_2 + H_2O \rightleftharpoons C_6H_5NH_3^+ + OH^-$	3.8×10^{-10}	9.42

pH と同じように，次のように対数を用いて表す方が便利である．

$$pK_a = -\log K_a$$
$$pK_b = -\log K_b$$

いくつかの弱酸と弱塩基の酸解離定数および塩基解離定数を表5.3に示した．

例 5.6 酢酸の pK_a は 4.74 である．
$$pK_a = -\log K_a = -\log(1.8 \times 10^{-5}) = 4.74$$

5.2.6 緩衝液

溶液を水で希釈したり，溶液に少量の酸，塩基を加えてもそのpHの変化が小さいとき，この溶液は**緩衝作用**（buffer action）を持っているという．そして，このような溶液のことを**緩衝液**（buffer solution）という．弱酸とその塩，あるいは，弱塩基とその塩を比較的高濃度に含む溶液などがこれにあたる．

酢酸の解離を考えると
$$CH_3COOH \rightleftharpoons CH_3COO^- + H^+$$
ここで H^+ が増えると反応は左側へ進行し，OH^- が入ると反応は右側へ進行して失われた H^+ を補給する．

溶液の pH は酸解離定数の関係より
$$K_a = \frac{[CH_3COO^-][H^+]}{[CH_3COOH]}$$

書きなおすと
$$\frac{1}{[H^+]} = \frac{1}{K_a} \cdot \frac{[CH_3COO^-]}{[CH_3COOH]}$$

酢酸の解離：
1 M の溶液では，わずかに 0.4% が解離しているにすぎない．

両辺の対数をとると，pH と pK_a の間には

$$\mathrm{pH}=\mathrm{p}K_a+\log\frac{[\mathrm{CH_3COO^-}]}{[\mathrm{CH_3COOH}]}$$

塩である酢酸ナトリウムは水に溶かすと，ほとんど解離し，欲しい濃度の $\mathrm{CH_3COO^-}$ が得られる．

$$\mathrm{CH_3COONa}\longrightarrow \mathrm{CH_3COO^-}+\mathrm{Na^+}$$

このようにして，酢酸と酢酸ナトリウムを適当な濃度で混ぜることによって，酢酸-酢酸塩緩衝液を作ることができる．

純水および酢酸-酢酸ナトリウム緩衝液に塩酸または水酸化ナトリウム溶液を添加した際のpH変化を表5.4に示す．表5.5にはよく使われる緩衝液の例を示す．

表 5.4 純水あるいは酢酸-酢酸塩緩衝溶液に少量の酸，塩基を添加した際の pH 変化

溶 液	pH	pH 変化
純水（1 L）	7	—
0.01 mol 塩酸を添加	2	−5
0.01 mol 水酸化ナトリウムを添加	12	+5
緩衝液（1 L）（0.5 mol 酢酸＋0.5 mol 酢酸ナトリウム）	4.74	—
0.01 mol 塩酸を添加	4.72	−0.02
0.01 mol 水酸化ナトリウムを添加	4.76	+0.02

表 5.5 よく使われる緩衝液

酸	塩	pH 領域
クエン酸	クエン酸二水素ナトリウム	2.1〜4.2
酢酸	酢酸ナトリウム	3.7〜5.6
クエン酸水素二ナトリウム	クエン酸ナトリウム	5.0〜6.3
リン酸二水素ナトリウム	リン酸水素二ナトリウム	5.8〜8.0
ホウ酸	ホウ砂	6.8〜9.2
リン酸水素二ナトリウム	リン酸ナトリウム	11.0〜12.0

5.2.7 pHの測定

1) 指示薬による方法

色の変化で溶液の pH を目視的に測定するために用いられる試薬を**指示薬**（indicator）という．指示薬を HInd と表すと，その解離は次のようになる．

$$\underset{\text{酸型}}{\mathrm{HInd}}\rightleftharpoons \underset{\text{塩基型}}{\mathrm{H^++Ind^-}}$$

$$[\mathrm{H^+}]=K_a\frac{[\mathrm{HInd}]}{[\mathrm{Ind^-}]}$$

ここで K_a は指示薬 HInd の解離定数である．

酸型と塩基型で大きく色が異なる試薬が指示薬として使える．人間の目は 10% 以下の変化を識別することは困難であるから，[HInd]/[Ind$^-$] の比が 0.1〜10 が識別範囲ということになる．[HInd]/[Ind$^-$] が 10 を超えると純粋な HInd の色になり，0.1以

表 5.6　よく使われる指示薬

指示薬	変色域	酸型の色	塩基型の色
メチルオレンジ	3.1〜4.4	赤	橙
ブロムクレゾールグリーン	3.8〜5.4	黄	青
クロルフェノールレッド	4.8〜6.4	黄	赤
ブロムチモールブルー	6.0〜7.6	黄	青
クレゾールパープル	7.4〜9.0	黄	紫
フェノールフタレン	8.0〜9.8	無色	赤紫
チモールフタレン	9.3〜10.5	無色	青

下では Ind⁻ の色に変わる色素が選ばれる．ある溶液の pH を測るには，その pH 付近に変色域のある指示薬を選ばなければならない．代表的な指示薬の変色域を表 5.6 にあげる．

2) ガラス電極による方法

ガラス電極は pH 測定に最も広く利用されている．リチウムガラスに La, Cs などの酸化物を数 % 添加することによって，H⁺ イオンに敏感な特殊なガラス膜が得られる．この薄膜の両側に pH の異なる溶液をおくと，pH に比例した電位差を生じる．そこでこの電位差を測定するために，図 5.3 のように両方の溶液に参照電極を入れると，次のような pH 測定用電池が構成される．

外部参照電極 ｜ 外部液 ｜ ガラス膜 ｜ 内部液 ｜ 内部参照電極
　　　　　　　H⁺（未知）　　　　　　　H⁺（一定）
　　　　　　　試料溶液側　　　　　　　　ガラス電極側

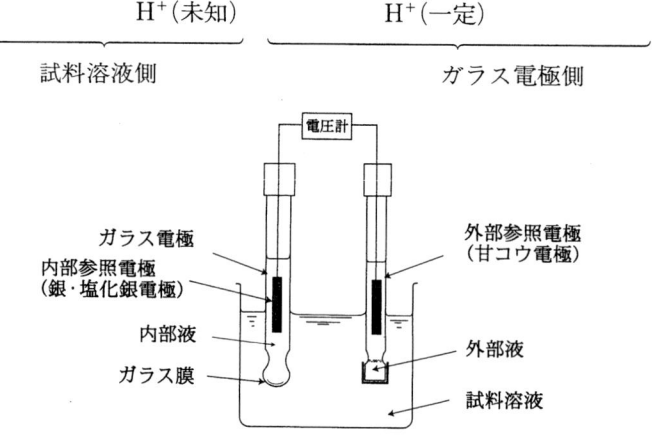

図 5.3　pH 測定のための電池

この電池の起電力は H⁺ イオンの活量に依存し，次式のように与えられる．

$$E = E_g - (2.303\,RT/F)\log\{a(\mathrm{H}^+)\}$$
$$= E_g + (2.303\,RT/F)\mathrm{pH}$$

E_g は用いられたガラス電極に依存した値であるが，pH が既知の標準溶液を用いて補正できる．よく用いられる pH 標準溶液を表 5.7 にあげる．

表 5.7 標準緩衝溶液

標準液	組成	pH 標準値			
		15°C	25°C	35°C	60°C
フタル酸塩標準液	0.05 M フタル酸水素カリウム溶液	4.00	4.01	4.02	4.10
中性リン酸塩標準液	0.025 M リン酸二水素カリウム 0.025 M リン酸水素二ナトリウム混合溶液	6.90	6.86	6.84	6.84
ホウ酸塩標準液	0.01 M 四ホウ酸ナトリウム（ホウ砂）溶液	9.27	9.18	9.10	8.96

5.3 酸化反応と還元反応

5.3.1 酸化と還元

昔の化学者は元素が酸素と結合するとことを**酸化**（oxidation）とよんでいた．それは多くの酸化物が酸素を含んでいたからである．また逆に，酸素を失うことを**還元**（reduction）とよんだ．還元は酸素を含んでいる化合物が水素と反応して水を生じるときによく起こった．そのため水素と化合する反応もすべて還元反応と見なされた．

現在では，酸化とは物質が電子を失うこと，すなわち酸化数（p. 17）が増加することと定義されている．次の反応では，カルシウム，水素はそれぞれ酸化されている．

$$2\,Ca + O_2 \longrightarrow 2\,CaO$$
$$0 +2 \quad \text{(Ca の酸化数は 0 から +2 に増加)}$$

$$2\,H_2 + O_2 \longrightarrow 2\,H_2O$$
$$0 +1 \quad \text{(H の酸化数は 0 から +1 に増加)}$$

逆に，物質が電子を受け取る場合は還元という．還元においては酸化数が減少する．次の反応では硫黄，フッ素は還元されている．

$$Ca + S \longrightarrow CaS$$
$$0 -2 \quad \text{(S の酸化数は 0 から -2 に減少)}$$

$$H_2 + F_2 \longrightarrow 2\,HF$$
$$0 -1 \quad \text{(F の酸化数は 0 から -1 に減少)}$$

上に述べた例からもわかるように，酸化と還元は，常に同時に起こっている．例えば，カルシウムと硫黄の反応では，カルシウムの酸化数は 0 から +2 に変化し，硫黄の酸化数は 0 から -2 に変化した．カルシウムの失った電子は硫黄が得ている．いい方を変えると，酸化還元反応では，ある物質の還元が起きたときに，その物質が得た電子は，別の物質から来たものであり，そちらの物質は酸化されている．酸化と還元の用語の使い方を表 5.8 に示す．

酸化：
鉄や銅が錆びる現象は酸化反応．炭が燃えるのも酸化反応．

還元：
水を分解して水素ガスを作る反応は還元反応．鉄鉱石から金属鉄を作る過程も還元反応．

表 5.8 酸化と還元の用語の使い方

用語	電子の変化	酸化数の変化
酸化	電子を失うこと	増加
還元	電子を得ること	減少
酸化された物質	電子を失う	増加
還元された物質	電子を得る	減少
酸化剤	電子を受け取る	減少
還元剤	電子を与える	増加

5.3.2 酸化剤と還元剤

酸化還元反応は水質検査や試薬の分析など多くの分野において利用されている．例えば，酸化作用を持つ硫酸セリウム(Ⅳ)はセリメトリーとして鉄(Ⅱ)の酸化還元滴定に用いられている．

$$2\,FeSO_4 + 2\,Ce(SO_4)_2 \longrightarrow Fe_2(SO_4)_3 + Ce_2(SO_4)_3$$

この反応では，硫酸セリウム(Ⅳ)は硫酸鉄(Ⅱ)を酸化するから，酸化剤として働いている．また硫酸鉄(Ⅱ)は硫酸セリウム(Ⅳ)を還元したので，還元剤である．

酸化剤は還元剤を酸化し，自分自身は還元される．他方，還元剤は酸化剤を還元し，自身は酸化される．ふつうに用いられる酸化剤と還元剤を表5.9，表5.10に示す．

酸化剤が還元されるとき，その中の原子は高い酸化数から低い酸化数に変わる．$KMnO_4$ 中のマンガンの酸化数は+7から安定な+4あるいは+2に変化している．$K_2Cr_2O_7$ 中のクロムの酸化数は+6から+3に変化する．$KClO_3$ 中の塩素の酸化数は+5から安定な-1に変化する．これらの化合物の中でカリウムイオンは過マンガ

強烈な酸化剤──クロム酸混液

最近は，六価クロムによる環境汚染が問題となるため，使われなくなったが，以前はガラス器具などの洗浄に欠かせないものとして，「クロム酸混液」が用いられてきた．重クロム酸カリウム（$K_2Cr_2O_7$）の飽和溶液と濃硫酸を等容ずつ混ぜあわせるとクロム酸混液ができる．クロム酸イオンは標準酸化還元電位が大きいため強力な酸化力を持っている．ほとんどの有機物質を破壊して，水と炭酸ガスにまで分解してしまう．作った直後は暗紅色をしているが，やがて黒色となり，古くなると緑色になり，酸化力はなくなってしまう．

ガラスは酸に強いので，クロム酸混液に一晩くらい浸しておき，取り出して水洗いするという作業が，以前の実験室での標準的な洗浄法だった．ヨーロッパでは重クロム酸カリウムの代わりに三酸化クロムを使っているところもあった．

クロム酸は，処方は多少違うが，生物学や医学分野での組織標本作りにも使われてきた．また，水質の検査項目に，化学的酸素消費量（COD，試料水中に酸化される物質がどれだけ含まれているかを検査する項目）という項目があるが，これにもクロム酸カリウムが酸化剤として用いられている．

松本清張の「目の壁」の中では，なめし皮工場のクロム酸なめし液に人間が飛び込むと，猛烈な勢いで緑色の泡が出てまたたくまに溶けてなくなってしまうという描写がある．実際に使われるクロム酸なめし液にはそんなに強烈な作用はないのだが，作者の筆力には強烈な迫力を感じる．

表 5.9　ふつうの酸化剤とその性質

酸化剤	名　前	生成物
$KMnO_4$	過マンガン酸カリウム	MnO_2 または Mn^{2+}
$K_2Cr_2O_7$	重クロム酸カリウム	Cr^{3+}
$KClO_3$	塩素酸カリウム	Cl^-
O_2	酸素	O^{2-}
Cu^{2+}	銅(II)イオン	Cu
$HgCl_2$	塩化水銀(II)　または塩化第二水銀	$HgCl$ または Hg
HNO_3	硝酸	NO, NO_2, N_2, NH_3
Ag^+	銀イオン	Ag

表 5.10　ふつうの還元剤とその性質

還元剤	名　前	生成物
H_2S	硫化水素	S または SO_2
H_2	水素	H^+
HI	ヨウ化水素	I_2
H_2SO_3	亜硫酸	SO_4^{2-}
C	炭素	CO_2
Mg	マグネシウム	Mg^{2+}
Zn	亜鉛	Zn^{2+}

ン酸イオンや重クロム酸イオン，塩素酸イオンの対イオンとして一緒にいるだけで酸化還元反応には関与していない．

　酸化されやすい物質は還元剤として使える．還元剤は相手を還元すると自分は酸化されるので，できるだけ低い酸化数から，高い酸化数へ移れるような元素を含む化合物がよい．この意味でイオウを含む化合物の硫化水素や亜硫酸は優れた還元剤といえる．

5.3.3　酸化還元反応をバランスさせるには

　酸化還元反応が簡単な場合には，見るだけで方程式のバランスをとることができる．しかし，もっと複雑な場合には少し工夫が要る．酸化還元反応は，酸化反応と還元反応が同時に起きていることを思い起こし，次のような指針にしたがって方程式をバランスさせていく．2つの方法がある．

1)　酸化数の変化を用いる方法

1. 酸化剤と還元剤の酸化数をはっきりさせる．
2. 酸化数の増加と減少に注目する．
3. 酸化剤と還元剤の酸化数にそれぞれ係数を掛け全体の増加と減少がつりあうようにする．
4. 式全体を調べて，各原子および原子団についてつりあっているか確認する．

例題 5.4　次の酸化還元反応をバランスさせる．
　　$K_2CrO_4 + FeCl_2 + HCl \longrightarrow CrCl_3 + FeCl_3 + NaCl + H_2O$
解）次のステップの1.～4.は指針の1.～4.に対応する．

> 1. 酸化状態の変わっている元素はクロムと鉄である．各元素について酸化数を書き出す．
> $$K_2CrO_4 + FeCl_2 + HCl \longrightarrow CrCl_3 + FeCl_3 + KCl + H_2O$$
>   酸化数　(+6)　(+2)　　　(+3)　(+3)
>   クロムの酸化数は減少し，鉄の酸化数は増加しているので，表5.8によりクロムは酸化剤，鉄は還元剤として作用している．
> 2. 酸化数はクロムでは(+6)→(+3)と3減り，鉄では(+2)→(+3)と1増加している．
> 3. 酸化数の全体としての増，減バランスをとる．3と1の最小公倍数は3だから，クロムと鉄の倍数はそれぞれ1と3になる．
> $$K_2CrO_4 + 3\,FeCl_2 + HCl \longrightarrow CrCl_3 + 3\,FeCl_3 + KCl + H_2O$$
> 4. 次にカリウムについてバランスする．K_2CrO_4中には2個のカリウムがあるので，KClの係数を2とする．同様に酸素について考え，左辺に4個の酸素があるのでH_2Oの係数を4とする．
> $$K_2CrO_4 + 3\,FeCl_2 + HCl \longrightarrow CrCl_3 + 3\,FeCl_3 + 2\,KCl + 4\,H_2O$$
> $4\,H_2O$中にある8個の水素をバランスさせるためにHClの係数を8とする．塩素についてもバランスしていることを確認する．
> $$K_2CrO_4 + 3\,FeCl_2 + 8\,HCl \longrightarrow CrCl_3 + 3\,FeCl_3 + 2\,KCl + 4\,H_2O$$
> 最後にもう一度，すべての原子および原子団についてバランスしていることを確かめる．

2) 半反応を用いる方法

半反応 (half reaction) とは化学反応式の中に電子が表れている反応である．電子が化学反応式の左辺に記されている反応を**還元反応**，右辺に記されている反応を**酸化反応**とよぶ．

還元反応　　$Fe^{3+} + e^- \longrightarrow Fe^{2+}$

酸化反応　　$Fe^{2+} \longrightarrow Fe^{3+} + e^-$

この方法は，酸化還元反応を酸化反応と還元反応の2つの半反応に分けて考えるやり方である．酸化反応および還元反応それぞれについて，電荷を含めてバランスをとっておき，それらをたしあわせ最終的にバランスのとれた化学反応式とする．

5. 化学反応式を調べてすべてイオン形に書き直す．酸化数が変化している元素全部について酸化数を計算する．
6. 酸化反応と還元反応に分けて書く．この際，酸素と水素以外の原子について，係数をつけてバランスをとる．
7. 反応式の左辺，あるいは右辺のどちらかに水素や酸素が出てきて，反対側にそれらが出てこないときには，適当な量のH^+，OH^-あるいはH_2Oを加える．
8. 酸化反応あるいは還元反応の形になるように，電子を書き入れ，イオンや電子の電荷の合計についてバランスをとる．
9. 2つの反応の電子数に関し，最小公倍数となるように係数をかける．2つの反応をたしあわせ，両辺に共通している水

分子やイオンなど消去し，化学反応式を完成させる．

例題 5.5 酸性溶液中でおこる次の化学反応のバランスをとる．
$$H_2S + MnO_4^- + H^+ \longrightarrow Mn^{2+} + S + H_2O$$

解) 次のステップの 1.～5. は指針の 1.～5. に対応している．

1. 酸化状態の変わっている元素は硫黄とマンガンである．各元素について酸化数を書き出す．
$$H_2S + MnO_4^- + H^+ \longrightarrow Mn^{2+} + S + H_2O$$
酸化数　（−2）　（+7）　　　　（+2）　（0）

2. 酸化反応は　　$H_2S \longrightarrow S$
   還元反応は　　$MnO_4^- \longrightarrow Mn^{2+}$

3. H_2S には水素が 2 個含まれているので，右辺に $2\,H^+$ を加える．
$$H_2S \longrightarrow S + 2\,H^+$$
MnO_4^- には酸素が 4 個含まれるので，左辺に $8\,H^+$ を加え右辺に $4\,H_2O$ を加える．
$$8\,H^+ + MnO_4^- \longrightarrow Mn^{2+} + 4\,H_2O$$

4. 電子を書き入れ，電荷をつり合わせる．
$$H_2S \longrightarrow S + 2\,H^+ + 2\,e^- \quad\text{（酸化反応）}$$
$$5\,e^- + 8\,H^+ + MnO_4^- \longrightarrow Mn^{2+} + 4\,H_2O \quad\text{（還元反応）}$$

5. 電子数 2 と 5 の最小公倍数は 10 だから，酸化反応を 5 倍，還元反応を 2 倍して加える．
$$5(H_2S \longrightarrow S + 2\,H^+ + 2\,e^-)$$
$$+)\quad 2(5\,e^- + 8\,H^+ + MnO_4^- \longrightarrow Mn^{2+} + 4\,H_2O)$$
$$\overline{5\,H_2S + 6\,H^+ + 2\,MnO_4^- \longrightarrow 5\,S + 2\,Mn^{2+} + 8\,H_2O}$$

5.3.4 ガルバニ電池

1780 年，ガルバニ（L. Galvani）は，解剖したカエルの筋肉が金属に触れると，ぴくぴく動くことに気が付いた．彼は筋肉から電気が発生するためと考えた．これに対し，物理学者ボルタ（A.

おしゃれな大仏さま，奈良の大仏様の金めっき

現在，修学旅行などで拝観できる大仏様は，治承，永禄と 2 度の戦乱で破壊されたものを，元禄時代に修復したものである．当初のまま残っているのは台座にある蓮華の花弁の一部だけだそうである．造立されたときの大仏様は，現在よりもかなりやさしいお顔で，金色に光り輝いていたようである．

この大仏様のめっき（鍍金）には，水銀に金を溶かした金アマルガムを，青銅の表面に塗ってから，火で加熱し水銀を蒸発させ，金を残したようである．長い柄の先に火皿をつけた「かがりび」のようなもので，長い時間をかけ端から少しずつあぶっていったようである．奈良の近く宇陀や吉野，さらに伊勢には古くから水銀の鉱山があった．しかし，水銀は当時といえどもかなり貴重品で，そのまま揮発させるのはもったいない話だ．わざわざ大仏殿を造ってから金めっきしたということは，水銀の節約を考え，発生した水銀蒸気を回収する目的があったと考えられる．

大仏様のめっきには大変多くの水銀が使われたと考えられる．「万葉集」の中にも
「仏つくる真朱（まそほ）足らずば平群（へぐり）なる　池田の朝臣が鼻の上を掘れ」
というざれ歌がある．真朱（まそほ），つまり硫化水銀があまり潤沢ではなかったようである．ありあまるほどの水銀があればこのような歌は詠まれなかっただろう．

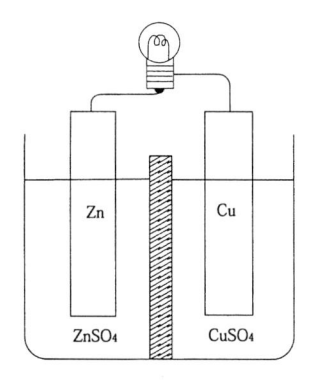

図 5.4 ダニエル電池

Volta）は，この電気の発生は使った金属に起因するのではないかと考えた．

ボルタは早速，異種の金属を接触させた実験を行い，1800年に電気を発生させる装置を発明した．これが有名な「ボルタ電池」と呼ばれているもので，この電池の出現によって，連続的に使用可能な電気が得られることとなった．その有用性は，それまでの静電気による電気と比べ，はるかに大きいものであった．しかし，ボルタの電池では供給する電流の強さにむらがあり，すぐに電流が弱くなるという欠点があった．その後，イギリスの化学者ダニエル（J. F. Daniel）が，銅と亜鉛の金属を使った電池（ダニエル電池）を考案した．ダニエル電池の模式図を図5.4に示す．

容器を多孔質の仕切板で2つの区域に分け，片方には硫酸亜鉛の溶液と金属亜鉛の板を浸しておく．もう一方には硫酸銅の溶液と金属銅の板を浸しておく．この2つの金属板の間に豆電球をつなぐと明かりがつき，電圧計ではかると約1.1 Vの電圧が得られていることが分かる．容器の仕切板がない場合には，2つの溶液はすぐに混じってしまい，金属亜鉛は速やかに溶解し，亜鉛金属表面には銅が析出してくる．

$$Zn + Cu^{2+} \longrightarrow Zn^{2+} + Cu$$

この置換反応では，電子の移動が起こっており，実は酸化還元反応である．このような状態では電子の移動は起こるが，電気エネルギーとして仕事をさせることはできない．しかし，間に多孔質の仕切板を入れると，イオンの移動は可能であるが，溶液の混合速度は遅くすることができる．この場合には上の酸化還元反応を，酸化反応と還元反応に分けることができる．

右側の銅板では　　　$Cu^{2+} + 2\,e^- \longrightarrow Cu$

左側の亜鉛版では　　$Zn \longrightarrow Zn^{2+} + 2\,e^-$

2つの金属板の間に豆電球をつなぐと亜鉛板は少しずつ溶けてゆき，同時に銅板は少しずつ重くなり，青い硫酸銅溶液の色も薄くなってゆく．亜鉛の濃度を分析してみると，確かに増加している．このように酸化と還元の反応を分離して，その間を電子が流れる導体でつなぐと，化学反応のエネルギーを電気エネルギーとして取り出すことができるようになる．溶液中の反応から電流を取り出すことができる実験装置は，**ガルバニ電池**（Galvanic cell）といわれる．ガルバニ電池の2本の金属板を**電極**（electrode）とよぶ．電子は亜鉛板から外に流れ出てくるから，亜鉛板が負極で，銅板が正極である．

5.3.5 標準電極電位

いろいろな酸化剤および還元剤を組み合わせて、ガルバニ電池を組み立てることができる。正極に銅、負極に亜鉛を用いた前節のダニエル電池では1.1 Vの電圧が得られた。組み合わせを変えることによって様々なガルバニ電池の**起電力**（electoro motive force）をはかることができる。しかし、半反応そのものに対応する起電力ははかれない。そこで、図5.5のような水素イオンと水素との電子移動反応

$$2H^+ + 2e^- \rightleftharpoons H_2$$

を含む電極（水素電極という）の起電力をすべての温度で0 Vと定義し、これを基準として用いる。水素電極と組合せたガルバニ電池の起電力を電極電位といい、"標準状態"での電極電位を**標準電極電位**とよぶ。このようにしてはかられた標準電極電位を表5.11に示す。

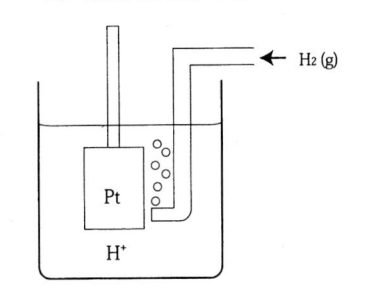

図 5.5 水素電極

表 5.11 標準電極電位

酸化剤	還元剤	半電池の電位
Ca^{2+}	$+2e^- \rightleftharpoons Ca$	-2.87
Na^+	$+ e^- \rightleftharpoons Na$	-2.71
Mg^{2+}	$+2e^- \rightleftharpoons Mg$	-2.37
Al^{3+}	$+3e^- \rightleftharpoons Al$	-1.66
Zn^{2+}	$+2e^- \rightleftharpoons Zn$	-0.76
$PbSO_4$	$+2e^- \rightleftharpoons Pb + SO_4^{2-}$	-0.36
$2H^+$	$+2e^- \rightleftharpoons H_2$	0
$S + 2H^+$	$+2e^- \rightleftharpoons H_2S$	0.14
Sn^{4+}	$+2e^- \rightleftharpoons Sn^{2+}$	0.15
Cu^{2+}	$+2e^- \rightleftharpoons Cu$	0.34
$O_2 + 2H^+$	$+2e^- \rightleftharpoons H_2O_2$	0.68
Fe^{3+}	$+ e^- \rightleftharpoons Fe^{2+}$	0.77
Ag^+	$+ e^- \rightleftharpoons Ag$	0.80
Br_2	$+2e^- \rightleftharpoons 2Br^-$	1.07
$Cr_2O_7^{2-} + 14H^+$	$+6e^- \rightleftharpoons 2Cr^{3+} + 7H_2O$	1.33
Cl_2	$+2e^- \rightleftharpoons 2Cl^-$	1.36
$MnO_4^- + 8H^+$	$+5e^- \rightleftharpoons Mn^{2+} + 4H_2O$	1.51
$PbO_2 + SO_4^{2-} + 4H^+$	$+2e^- \rightleftharpoons PbSO_4 + 2H_2O$	1.69
$O_2 + 4H^+$	$+4e^- \rightleftharpoons 2H_2O$	1.33
$O_2 + 2H_2O$	$+4e^- \rightleftharpoons 4OH^-$	0.40
$2H_2O$	$+2e^- \rightleftharpoons H_2 + 2OH^-$	-0.83

標準電極電位の表は化学の表の中でも重要なものの1つである。表中では反応はすべて還元反応（電子が左辺にくる）の形で書かれているので、酸化反応に対しては電位の符号を逆にする必要がある。

$$Zn^{2+} + 2e^- \longrightarrow Zn \quad E^0 = -0.76\text{ V}$$
$$Zn \longrightarrow Zn^{2+} + 2e^- \quad E^0 = +0.76\text{ V}$$

標準電極電位を用いると電池の起電力を見積もることができる。ダニエル電池については、

$$\begin{aligned}
\text{(右側の電極)} \quad & Cu^{2+}+2\,e^- \longrightarrow Cu & E^0 &= +0.34\text{ V} \\
\text{(左側の電極)} \quad & Zn \longrightarrow Zn^{2+}+2\,e^- & E^0 &= +0.76\text{ V} \\
\hline
\text{(電池の反応)} \quad & Cu^{2+}+Zn \longrightarrow Cu+Zn^{2+} & E^0 &= +1.10\text{ V}
\end{aligned}$$

したがって，実際の電池の反応が進行する場合には起電力は正の値として得られる．もしこのようにして算出した起電力が負の場合には反応は逆方向に進行することになる．

例題 5.6 Al は Cu^{2+} を還元するか考える．

解） 電極電位の表より

$$Al^{3+}+3\,e^- \longrightarrow Al \quad E^0 = -1.66\text{ V}$$
$$Cu^{2+}+2\,e^- \longrightarrow Cu \quad E^0 = +0.34\text{ V}$$

Cu^{2+} が電子を受け取って還元される傾向は，Al^{3+} よりも大きい．したがって，Al は還元剤として働き，Cu^{2+} を還元する．

$$2\,Al+3\,Cu^{2+} \longrightarrow 2\,Al^{3+}+3\,Cu$$

例題 5.7 次の反応は起こるだろうか．
$$Pb^{2+}+Hg \longrightarrow Pb+Hg^{2+}$$

解） 電極電位の表より

$$\begin{aligned}
Pb^{2+}+2\,e^- &\longrightarrow Pb & E^0 &= -0.13\text{ V} \\
Hg &\longrightarrow Hg^{2+}+2\,e^- & E^0 &= -0.85\text{ V} \\
Pb^{2+}+Hg &\longrightarrow Pb+Hg^{2+} & E^0 &= -0.98\text{ V}
\end{aligned}$$

注目する反応の起電力は負の値となる．したがってこの反応は起こらない．

5.3.6 電気分解とファラデーの法則

自動車には鉛蓄電池が積まれており，最初に車を動かすときには，蓄電池より電気を取り出してセルモーターをまわしている．いったん，車が動き出すと，今度は逆に発電機からの電気を使ってバッテリーを充電している．放電過程で生じた硫酸鉛を分解し，再び元の鉛と二酸化鉛に戻している．このように外部から電気エネルギーを加えることによって，化学変化を起こし，物質を分解する過程は**電気分解**（electrolysis）とよばれる．

電気分解は，多くの金属や非金属の工業合成に重要な役割を果たしている．電気分解を用いるこのようなプロセスは電解採取と呼ばれる．現在，世界中で生産されている純粋な金属あるいは非金属単体についてみると，約 52 元素が直接に電解採取を経て生産されている．

いま，塩化銅溶液に図 5.6 のように，2 本の電極（白金板など）を入れ，電気分解を行うと次のような化学反応が起こる．

$$2\,Cl^- \longrightarrow Cl_2+2\,e^- \quad \text{（陽極）}$$
$$Cu^{2+}+2\,e^- \longrightarrow Cu \quad \text{（陰極）}$$

鉛蓄電池の反応：

$$Pb(s)+PbO_2(s)$$
$$+4\,H^++2\,SO_4^{2-}$$
$$\text{放電} \updownarrow \text{充電}$$
$$2\,PbSO_4+2\,H_2O$$

次の元素は全量電解採取により製造されている．
Li, F, Na, Al, Cl, Sc, Mn, Ru, Rh, Pb, Ag, La, Os, Ir, Pt, Au

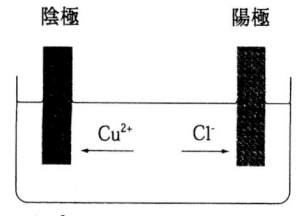

$$Cu^{2+}+2e^-=Cu \quad 2Cl^-=Cl_2+2e^-$$

図 5.6 $CuCl_2$ 溶液の電気分解

陽極では塩素ガスが発生し，陰極では銅が析出する．酸化反応が起こる電極を**陽極**（anode）といい，還元反応が起こる電極を**陰極**（cathode）という．

反応全体としては，塩化銅（$CuCl_2$）を成分元素の Cu と Cl_2 に分解している．

$$Cu^{2+} + 2Cl^- \longrightarrow Cu + Cl_2 \quad (E^0 = -1.02\,\text{V})$$

この反応の起電力を標準電極電位の表から計算すると $-1.02\,\text{V}$ となり，自発的には進行しない．反応が進行したのは，電気分解の過程で外部から $1.02\,\text{V}$ 以上の電気を加えたからである．電池反応と電気分解はちょうど逆の関係になっている．

一般に，電池反応，電気分解を含め電極で起こる反応については陽極では酸化反応が起こり，陰極では還元反応が起こる．酸化還元反応は反応の種類を表しており，電極電位の正，負とは無関係である．このことは表 5.11 の標準電極電位の表を見ると明らかであろう．

電気分解で変わる量と注入された電気量との間には**ファラデーの法則**（Faraday's law）が成り立つ．

(1) 電気分解によって溶解または析出する物質の量は，流れた電気量（クーロン量）に比例する．

(2) 1 F（96500 C）の電気量が流れると，電子 1 mol に相当する物質が溶解または析出する．

電子 1 mol の持つ電気量のことを**ファラデー定数**（Faraday constant, 記号 F）という．1 A の電流が 1 s 間流れると 1 C の電気量になる．

電池と水の電気分解

あの歴史的に有名なボルタの電池の発明は，1800 年 3 月 20 日に発表された．このニュースを知ったイギリスの化学者ニコルソン（W. Nicholson）は，7 週間後の 5 月 2 日，自分でも電池を組み立て，少量の硫酸を加えた水の中に電流を流してみた．このときニコルソンは，実験を通じて水の中に 2 種類の泡が発生することに気がついた．彼は水がその構成要素である水素と酸素に電気分解されたためと考えた．

ボルタは，食塩水中の銅と亜鉛の間で起こる化学反応が電流を発生させることを示したが，ニコルソンはその逆も成り立つこと，すなわち，電流が化学反応を引き起こすことを明らかにした．

ニコルソンの実験を知ったドイツの物理学者リッター（J. W. Ritter）も，同じ年に実験を追試し，水を電気分解させた際に発生する気体を，陽極，陰極ごとに別々の容器に集めた．このようにして，一方の容器には水素，他方の容器には酸素が集められ，その際の水素の体積は酸素の 2 倍になることを明らかにした．

リッターは，硫酸銅の溶液に電流を流すと，陰極に銅が析出することも見い出した．このリッターの発見は，後の電気めっきのはじまりとなったのである．

例題 5.8 銅の析出反応には何 C の電気量が必要か.
解)
$$Cu^{2+} + 2\,e^- \longrightarrow Cu$$
$$1\,\text{mol} \quad 2\,\text{mol} \quad\quad 1\,\text{mol}$$
1 mol の銅を析出させるためには 2 mol の電子,すなわち,2 F（2×96500 C）の電気量が必要である.

6 化学反応とエネルギー

物質が変化したり，化学反応が起こるためには，何が必要であろうか？ このような化学変化が起こるためには，必ずエネルギーのやりとりが必要となる．この章では，物質の状態変化や化学反応とエネルギーの関わりあいについて考えよう．

6.1 エネルギー

6.1.1 エネルギーの種類

物質の状態が変わる場合や化学反応が生じる場合には，必ずエネルギーの授受が関係している．**エネルギー**（energy）は"仕事をする能力を有する"という意味を持っており，様々な形態のエネルギーが自然界には存在する．これらは次のように分類できる．

- 力学的エネルギー（運動エネルギーと位置エネルギー）
- 熱エネルギー　　　（原子や分子の運動エネルギー）
- 化学エネルギー
  （原子間の結合の変化に伴い発生するエネルギー）
- 電磁気エネルギー
  （電磁波，電場や磁場により発生するエネルギー）
- 核エネルギー
  （原子核の分裂や融合により生じるエネルギー）

6.1.2 分子のエネルギー

運動している物体や粒子の状態には，運動エネルギーが関係している．例えば，分子は原子が化学結合したもので表される．原子と原子の結合は硬くはなく，図6.1のように，その原子球をバネでつないだようなモデルとして考えることができる．図6.1のような分子を二原子分子といい，実際にはバネでなく電子雲の広がりがある．この結合は伸び縮みし，これを振動という．この場合に，両原子の仲を取り持つ電子を仲立ちとした引力と原子間の反発力の間に，つりあいがとれ，安定な位置を中心に振動している．

分子は原子が何個か結合してできている．このような分子がガス

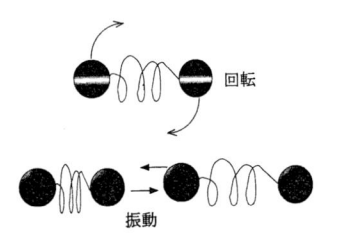

図 6.1 分子の回転と振動運動

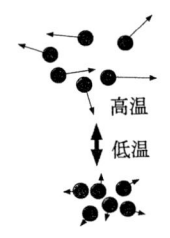

並進エネルギーは分子全体の移動に関係するエネルギーである．

として存在する場合には，分子同士が衝突を繰り返しながら，空間を自由に動き回っている．その速さは，室温で毎秒数百 m の速さである．空間を自由に動き回る分子に熱が**並進エネルギー**（translational energy）として供給されるのであれば空間を移動する分子の速度は速くなる．また，**振動**（vibrational energy）や**回転エネルギー**（rotational energy）として熱が供給されれば，分子は激しい振動や回転を生じ，逆に，冷たくすればこれらの分子運動の速度は遅くなる．

> 膨らんだゴム風船を例にあげれば，風船の大きさは温度によって変化する．ゴムの特性にも依存するが，これは温度が高いほど気体分子の運動が激しいことが原因である．すなわち，風船内部の分子は壁に衝突したときの反動が大きく，温度が高いほど壁に与える圧力も大きくなる（ボイル-シャルルの法則，p. 65）．

分子をもっと拡大して眺めてみると，分子のエネルギーにはもう1つ電子エネルギーがある．これは原子核と電子の相互作用によるエネルギーであり原子核を周回する電子軌道に関連してくる．図6.1に示した，二原子分子のエネルギー分布の例は図6.2のように表せる．縦軸はエネルギーを表しており，上にいけばいくほど（上の準位ほど）エネルギーが大きいことを意味する．電子エネルギーは，図示してあるような軌道間（$n=1$ と 2）のエネルギー間隔として表すことができる．二原子分子の原子間の間隔が周期的に振動して変化する場合もまた，同じ軌道の中にたくさんの狭いエネルギー間隔の準位を持っている（この振動エネルギー準位は v や v' と表示されている）．さらに，回転エネルギーは振動エネルギーより狭いエネルギー準位幅（J と表示）を持っている．これからわかるように，準位同士の幅は，電子エネルギーの方が，振動エネルギー

電子には分布があり，空の雲のイメージのように，濃いところはたくさんの電子が集まり，電子が滞在する確率が高い．「電子雲」とは原子と原子が化学結合してできた分子の電子の広がりをいう．また薄いところはその密度は低く，存在する確率は低い．

実際，電子の取りうるエネルギー分布は各原子で異なり，飛び飛びのエネルギーの値を取る．これを**量子化**されているという．また，飛び飛びのエネルギーの値をエネルギー準位とよぶ．最も低いエネルギーの準位の状態を**基底状態**といい，最も安定な準位である．準位が高くなるほど，原子は不安定になる．

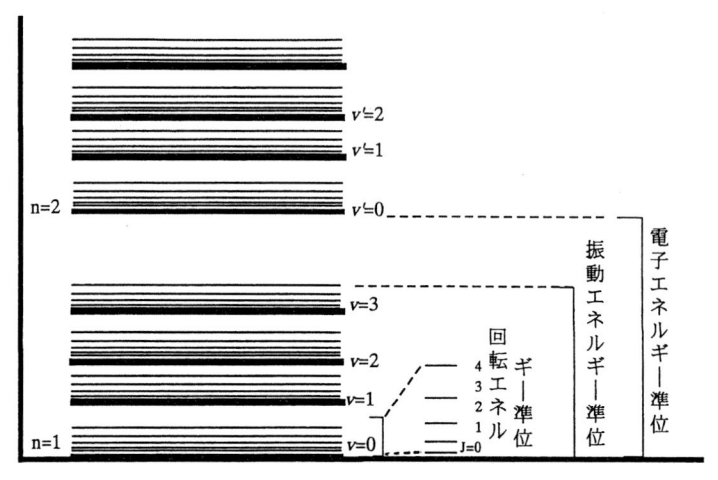

図 6.2 二原子分子のエネルギー準位図

よりも，また，振動エネルギーの方が回転エネルギーよりも大きい．

6.1.3 化学エネルギーと熱力学第一法則

人は，寒くなると石炭や石油などの化石燃料を燃して暖をとる．このようにものが燃えるときに，われわれの身近な生活でも分子が発するエネルギーの情報を観察できる．ものが燃焼する際には，赤々と燃え上がった熱い炎が見える．この目に見える炎が，分子の持つエネルギーの情報を与えてくれるのである．火にも様々あり，熱いといってもその温度範囲は広い（図6.3）．都市ガスなどは大体1700〜1900℃で，ろうそくの炎の青白い外炎は1400℃程度，内部の黄色部分は大体600℃くらいである．また，タバコの火は強く吸えば，大体850℃程であるが，端の方は650℃程度となる．

このように，人はものが燃える際に生じる熱エネルギー利用している．例えば，熱エネルギーで水を沸かして蒸気化し，さらには，タービンを回し発電を行うことができ，こうして得た電気エネルギーを暖房や冷房などにも利用できる．

石油のような化石燃料が燃えるには酸素が必要であり，熱エネルギーは燃焼という化学反応によって発生し，その発熱量は，反応する物質量によって決まる．このように化学反応によって発生するエネルギーは**化学エネルギー**（chemical energy）とよばれている．化学エネルギーは，相互にその形態を変えて移動するが，エネルギーの総和は常に一定に保たれている．このエネルギー保存則を**熱力学第一法則**（first law of thermodynamics）という．通常，化学反応では，系が1つの状態からほかの状態に移るとき，どのようにエネルギーが変化するのかを考える場合に，**内部エネルギー**（internal energy）Eとよばれるエネルギー量を定義する．これは系の全エネルギーであり，原子，イオン，分子などの運動エネルギーと系を作りあげている粒子間の結合力に由来する位置エネルギーの和で表される．ある系が1つの状態からある状態に変化するときには，外界とエネルギーを交換する2つの方法がある．1つは系が熱エネルギーをもらったり放出したりする場合，もう1つは，系が仕事をする場合である．ここで，熱をq，仕事をwとすると内部エネルギー変化ΔEは次式で表される．

$$\Delta E = q + W$$

系が熱エネルギーを得ればその系の内部エネルギーは上昇し，もし熱を失うならば系のエネルギーは減少する．また，系が仕事をすれば系の持つエネルギーは減少し，外部から仕事がされれば，系のエネルギーは増える．

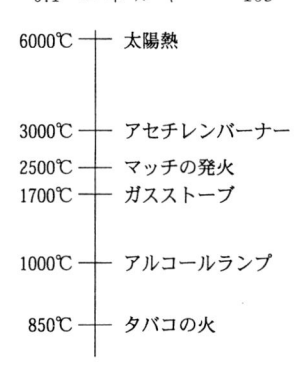

6000℃ ── 太陽熱
3000℃ ── アセチレンバーナー
2500℃ ── マッチの発火
1700℃ ── ガスストーブ
1000℃ ── アルコールランプ
850℃ ── タバコの火

図 6.3 炎の温度
燃焼とは，熱と発光を伴う激しい化学反応である．

1845年にジュール（J. P. Joule）によって熱エネルギーと運動エネルギーの関係が明らかにされた．ジュールは，重りを落下させ，水をかき混ぜ，水を暖かくする実験で，熱と仕事の関係を求めた．これによりエネルギーは形を変えるが，新たに創造されたり破壊されず保存されることを発表した（p.29）．

内部エネルギーは，系が熱の形で受け取ったエネルギーと仕事が成されることで得たエネルギーという意味になる．

圧力の単位は基本的にパスカル (Pa) で表すが，化学では atm, mmHg, bar, Torr を用いることが多い．
$$1\,\text{atm} = 760\,\text{mmHg}$$
$$= 1.013 \times 10^5\,\text{Pa}$$
$$= 1.013\,\text{bar}$$
$$= 760\,\text{Torr}$$
力をニュートン N で，圧力がかかっている面積を m^2 で表すと，圧力はニュートン毎平方メートル (Nm^{-2}) となる．
$$1\,\text{Pa} = 1\,\text{Nm}^{-2}$$
天気予報で登場するヘクトパスカルは 10^2 Pa の意味である．

物質の状態変化や化学反応により系が変化する際には，外界とエネルギーを交換する．例えば，化石燃料が燃える際には空気中の酸素と反応し，かなり膨大なエネルギーが熱として放出される．

例 6.1 都市ガスに使われているメタン燃焼の量的な計算例

物質の量がわかれば，化学反応式から反応量を求めることができる．メタン 16 g の燃焼に必要な酸素量と燃焼で生じる水の量を求めてみよう．メタンの燃焼は次のような化学反応式で表せる．

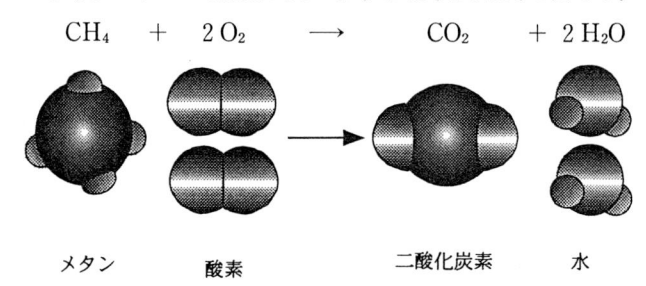

$$CH_4 + 2\,O_2 \longrightarrow CO_2 + 2\,H_2O$$

メタン　　酸素　　　　　　二酸化炭素　　水

メタンの分子量は 16 であるので，メタン 16 g は 1 mol に相当する．1 mol のメタンが燃える際に必要な酸素量はメタンの 2 倍の 2 mol となる．1 mol の気体は，0°C，1 atm の状態で 22.4 L の体積を取るので，全部で 44.8 L の酸素を必要とする．燃焼で生じた水はメタン 1 mol に対し 2 mol 生じる．水の分子量は 18 であるので，全部で 36 g の水が生じることになる．

> **越の国からの燃える水**
> 西暦 668 年，天智天皇の時代に，越（こし）の国から燃える水が朝廷に献上された．この水は，今でいう石油のことである．この石油の産地，越とは新潟県刈羽郡あたりといわれている．長い間，薪，炭，人力，家畜の力，風力などの自然エネルギーをエネルギー源として利用してきたが，石油エネルギーが注目されはじめたのは明治時代にさかのぼる．今ではこの地域の石油はほとんど掘尽くされたものの，大正から昭和のはじめにかけては日本一の石油の産地であった．

6.2　化学反応の起こり方

物質の状態変化や化学変化（化学反応）が起こる際には，必ず熱という形でエネルギーの移動が起こる．この場合には，様々な形でエネルギーの受け渡しが行われ，その周囲は暖かくなったり冷たくなったりする．たとえば焚き火にあたっていると暖かくなるのは，熱が発生し周囲が暖かくなるような反応が生じているためである．メタン燃焼と同様に石油を燃やせば多量のエネルギーが熱という形

で放出される．この場合には，炭化水素が酸素と化合して二酸化炭素と水を生じる化学反応が起こっている．このようにエネルギーを放出する反応を**発熱反応**（exothermic reaction）という．

一方，ヘキサンとエタノールを混ぜた場合には，アルコール間の水素結合間に，混ぜたヘキサンが入り込み，これを壊すためにエネルギーを消費し冷えてしまう．これと同じようなことは，水に硝酸カリウムを溶解する際にも観察できる．このように熱を吸収する反応を**吸熱反応**（endothermic reaction）という．

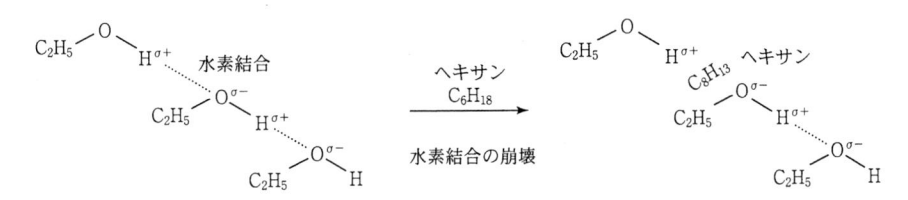

一般に，自然界で起こる反応や容易に起こる反応には発熱反応が多い．このような化学変化は原子の組み換えによって生じるので，化学反応が起こるときにみられる熱の出入りは**反応熱**（heat of reaction）とよばれている．

反応熱：
　反応前後の系が持つエネルギーの差を示す熱量で，温度や圧力により変わるので25℃，1気圧での反応の熱量で表す．単位は$kJ\,mol^{-1}$や$kcal\,mol^{-1}$などを用いる．

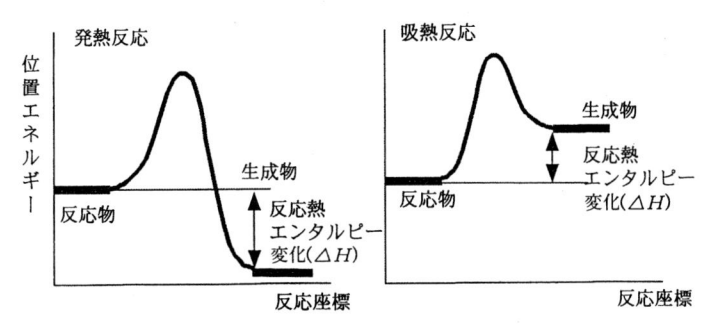

図 6.4 発熱反応と吸熱反応の位置エネルギー図

図6.4には反応物と生成物の位置エネルギーの関係が描いてある．水平の軸は反応座標（reaction coordinate）といい，分子が近付き，衝突し生成物の分子が生ずる過程を示している．図では，反応物と生成物の間に山があり，発熱反応では反応物の位置エネルギーよりも生成物の方が低くなる．一方，吸熱反応では，生成物は反応物よりも位置エネルギーが高くなる．圧力が一定（定圧）の反応の場合では，このとき放出あるいは吸収される反応熱を**エンタルピー**（enthalpy）**変化** ΔH とよぶ．熱が発生するときには ΔH は負であり，熱が吸収されるときには，ΔH は正となる．ふつう，ΔH は25℃，1 atm での値を用いる．

エネルギーの単位としては、カロリー（cal）は最もなじみ深い（p.29）．しかし、化学の分野ではカロリー単位はあまり使われず、SI単位のジュール（J）を用いる．

$$1\,\text{cal} = 4.184\,\text{J}$$

であるので、1gの水を1℃上げるのに必要な熱量は、4.184Jとなる．

6.2.1 結合エネルギーと反応熱

反応経路とエネルギーについて具体的に考えてみよう．化学結合を切るのにはエネルギーを必要とする．これを分子の有する**結合エネルギー**（bond energy）という．いま、水素分子（H_2）と塩素分子（Cl_2）の結合エネルギーを比較してみる（図6.5）．水素分子の結合エネルギーは432 kJ mol^{-1}である．したがって、水素分子にこのエネルギーを与えるとH－Hの結合が切れて、1 molの分子が2 molの水素原子（H）となる．逆に、2 molの水素原子はこの結合エネルギーを放出し水素分子となる．同様に塩素分子では、239 kJ mol^{-1}のエネルギーを与えるとCl－Cl結合は切れて、塩素原子（Cl）となる．したがって、水素分子よりも塩素分子の方が結合も弱く容易に切れやすい．結果として、H_2とCl_2から1 molのHClが生じる場合には、反応物の結合エネルギー 335.5 kJから生成物の結合エネルギー 427.5 kJを差し引いた92 kJの熱が放出される．

多原子分子でもこれは適応できる．例えば、代表的な化石燃料であるメタン（CH_4）ではC－H結合が4つあるため、これをすべて切断するには4×414 kJ mol^{-1}のエネルギーを必要とする．ここで414 kJ mol^{-1}はC－H間の結合エネルギーである．例6.1で述べたように、メタンを燃やせば、二酸化炭素（CO_2）と水（H_2O）になるが、この反応の際には大部分のエネルギーが熱として放出される．

$$CH_4 + 2\,O_2 \longrightarrow CO_2 + 2\,H_2O\,(液) \quad \Delta H = -892\,\text{kJ}$$

発熱反応ではエンタルピー変化は－符号であり、$\Delta H = -892$ kJ mol^{-1}となる．

$$\tfrac{1}{2}H_2 + \tfrac{1}{2}Cl_2 \longrightarrow HCl \quad \Delta H = -92\,\text{kJ}$$

反応物の結合エネルギー
$\tfrac{1}{2} \times 432 + \tfrac{1}{2} \times 239 = 335.5$

生成物の結合エネルギー
427.5

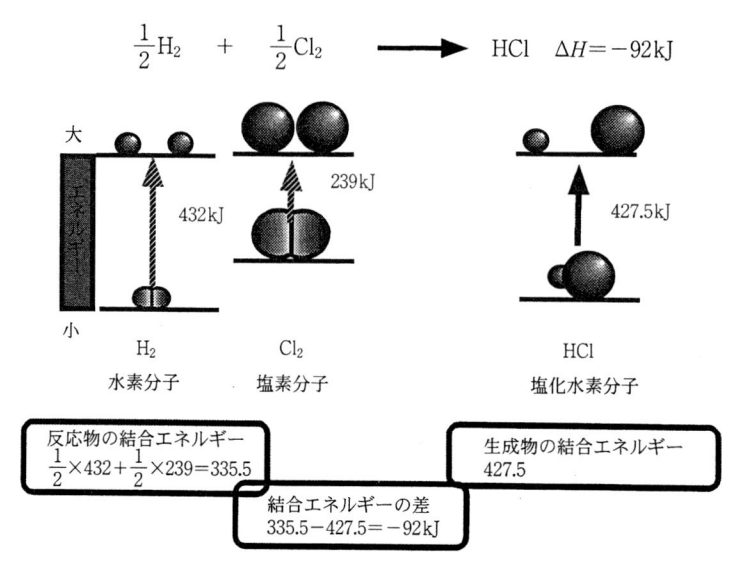

結合エネルギーの差
$335.5 - 427.5 = -92$ kJ

図 6.5 反応物と生成物の結合エネルギー

また，必要に応じて物質の後に物質の状態を明記する場合が生じる．気体状態の水素と酸素から水（液体）が生成する場合には水が気体として存在する場合と，水が液体で存在する場合がある．液体状態の場合には，液体—固体の蒸発熱（25°Cにおいて44 kJ mol^{-1}）分だけ発熱量は大きくなり，化学式は次のようになる．

$$H_2（気）+ \frac{1}{2}O_2（気）\longrightarrow H_2O（気） \quad \varDelta H = -242 \, kJ$$

$$H_2（気）+ \frac{1}{2}O_2（気）\longrightarrow H_2O（液） \quad \varDelta H = -286 \, kJ$$

この2つの式を比較してみると，物質状態が固体 ⇄ 液体 ⇄ 気体と変わると物質のもつエネルギー量も変わることがわかる．また，違った見方をすれば，この式は水素の燃焼熱でもあり，水（気体または液体）の生成熱でもある．

物質の状態を表す際には（固），（液），（気）のかわりに (s), (l), (g) とも書く．

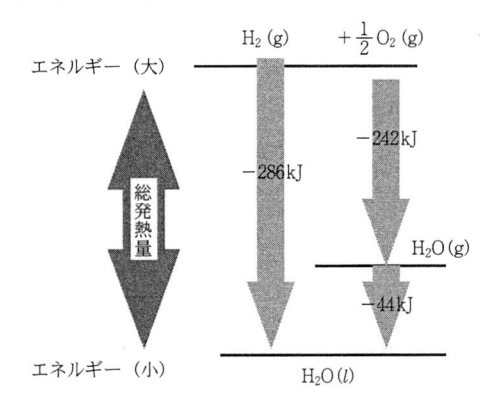

図 6.6 水の生成熱と反応経路

すなわち1 molの水蒸気が液化すると

$$H_2O（気）\longrightarrow H_2O（液） \quad \varDelta H = -44 \, kJ$$

44 kJの熱を放出する．

例題 6.1 H_2, N_2分子の結合エネルギーはそれぞれ 436 kJ mol^{-1} と 946 kJ mol^{-1} である．また，N–Hの結合エネルギーは 391 kJ mol^{-1} である．NH_3の生成熱を求めなさい．

解） この反応は

$$\frac{3}{2}H_2 + \frac{1}{2}N_2 \longrightarrow NH_3$$

となり，1 molのNH$_3$が生じる際には，3/2 molの水素分子と1/2 molの窒素分子が必要である．したがって，

$$\varDelta H = \frac{3}{2} \times 436 + \frac{1}{2} \times 946 - 3 \times 391 = -46$$

より NH$_3$の生成熱は -46 kJ mol^{-1} となる．

$H_2 \longrightarrow 2H \quad \varDelta H = 436 \, kJ$
$N_2 \longrightarrow 2N \quad \varDelta H = 946 \, kJ$
$NH_3 \longrightarrow N + 3H \quad \varDelta H = 3 \times 391 \, kJ$

6.2.2 反応エネルギーと反応経路

水素と酸素から水ができる場合には，液体の水と気体の水蒸気が

できる 2 つの反応があることを述べた．反応式で表されるように，それぞれの熱量差がエネルギーとして放出される．しかし，反応経路が変わっても総熱量は変わらない．これは，反応にともなう熱の出入りは，反応前後の物質の持つエネルギー差に相当するためである．

図 6.6 から 1 mol の水が気化され 1 mol の水蒸気になるとき，44 kJ mol^{-1} のエネルギーを吸収する．これより「はじめの物質の状態と終わりの状態が定まっていれば，どんな反応経路を経ても出入りするエネルギーの総和は同じである」ことがわかる．これを**ヘスの法則**（Hess's law）という．これは化学反応という特別な場合のエネルギー変化に適応した場合であり，「状態の変化に伴うエネルギー変化は状態の始めと終わりに依存し，途中の経路にはよらない」熱力学の第一法則の定義と同じである．

ヘスの法則：
1840 年スイスの化学者ヘス（G. H. Hess）により発見された．総熱量不変の法則とも言い，出入りするエネルギーの総和は常に等しい．

> **例題 6.2** ヘスの法則を利用して，次の化学反応式で表されるベンゼンの生成熱を計算してみよう．
>
> **解）** C_6H_6（気）$+ \frac{15}{2} O_2$（気）$\longrightarrow$
> $\qquad\qquad 6 CO_2$（気）$+ 3 H_2O$（気） $\quad \varDelta H = -3170$ kJ ①
> $\qquad C$（固）$+ O_2$（気）$\longrightarrow CO_2$（気） $\quad \varDelta H = -393.5$ kJ ②
> $\qquad H_2$（気）$+ \frac{1}{2} O_2$（気）$\longrightarrow H_2O$（気） $\quad \varDelta H = -242$ kJ ③
>
> これらの化学反応式を加減して 6×②+3×③−① より CO_2，O_2，H_2O を消去し
> $\qquad 6 C$（固）$+ 3 H_2$（気）$\longrightarrow C_6H_6$（気） $\quad \varDelta H = 83$ kJ
> を導くことができ，与えられた化学式から実験では求めにくい反応の反応熱を計算により求めることが可能である．

6.3 化学反応の起こり方と反応速度

6.3.1 解離エネルギーと結合エネルギーの関係

それでは分子のレベルで化学反応の起こり方を眺めてみよう．気体や溶液内では分子は激しく動きまわり衝突を繰り返していることはすでに述べたが，このような分子の運動エネルギーが十分大きいときには，分子は構成原子に解離する．解離の度合いは温度の影響を非常に受けやすく，例えば，温度を上げると，分子の持つエネルギーは増大し，構成原子に解離させるエネルギーに達することができる．**解離エネルギー**（dissociation energy）とは，したがって分子を作る原子間の結合を切るエネルギーをいう．逆に，原子同士が結合して分子を生ずるには解離エネルギーと同量のエネルギー（**結合エネルギー**；bond energy）を放出する．

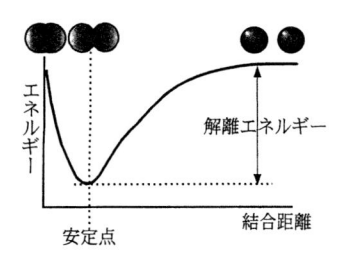

図 6.7 分子の結合距離とエネルギー

図 6.7 には二原子分子の結合距離とエネルギーの関係を示している．ふつうは，一番安定な距離に保たれており，このときに分子の有するエネルギーは最も低い．温度を上げると高いエネルギーが与えられるので，これによって高いエネルギー状態の分子の割合が増えて分子間の振動は激しさを増し，その振幅は大きくなってくる．さらに振動が増して解離エネルギーに達すると，もはや分子と分子の間隔は大きく離れ，この状態では分子としては存在せず原子へと分かれて行く．このように分子では解離するための十分なエネルギーが必要である．

単分子反応でない場合，二分子反応（bimolecular, A+B → 生成物）や三分子反応（trimolecular, A+B+C → 生成物）では，反応する分子同士が衝突しなければ反応は起こらない．このためには圧力を高めて衝突する頻度を上げ，さらに分子が遭遇して反応が起こるための十分なエネルギーが必要となる．

一例として，下記に示すような化学反応式では，これらがここで表記された化学種同士の反応で起こっているかのように表されるが，実は，これらの反応式は反応が完全に進行したときに生ずる総括的な化学反応を示している．

$$H_2 + I_2 \longrightarrow 2\,HI$$
$$2\,NO + 2\,H_2 \longrightarrow 2\,H_2O + N_2$$
$$2\,N_2O_5 \longrightarrow 2\,N_2O_4 + O_2$$

このような総括的な結果は，実際には，一連のもっと単純な反応（**素過程**；elementary process）を経て生じる．最終的に，生成物の形成にいたる一連の素過程を**反応機構**（reaction mechanism）とよぶ．

例えば，五酸化二窒素（N_2O_5）の分解反応では，全反応は

$$2\,N_2O_5 \longrightarrow 2\,N_2O_4 + O_2$$

となるが，実際には次の4段階の機構により進む．

$$N_2O_5 \longrightarrow N_2O_3 + O_2$$
$$N_2O_3 \longrightarrow NO + NO_2$$
$$N_2O_5 + NO \longrightarrow 3\,NO_2$$
$$2\,NO_2 \longrightarrow N_2O_4$$

N_2O_5 の分解反応ではこの4つの反応が段階的に起こるので全体の反応の速さは最も遅い素反応で決められてしまう．この分解反応では $N_2O_5 \longrightarrow N_2O_3 + O_2$ の反応が最も遅く，この素反応過程を**律速段階**（rate-determining step）とよんでいる．

6.3.2 反応の速さを考える

化学反応は，分子衝突により起こるので，衝突の回数が多いほど反応は速く進むはずである．したがって，反応の物質量（濃度）によって反応の速さも変わってくる．自動車の速度が単位時間当たりの車の進んだ距離（km h^{-1}）で表されるように，化学反応の速さも，反応物や生成物の濃度の時間変化に対する比率で示される．単位時間について反応物の濃度の減少量または生成物の増加量をその反応の**反応速度**（reaction rate）という．A → B の一次反応では，図 6.8 に示すように，反応の変化量は反応物の減少曲線と生成物の増加曲線とで表される．反応が進めば，反応物は減り，生成物は増えてくるが，反応速度は時間が経つと小さくなる．濃度はモル濃度 [mol dm^{-3}]（表 2.3 より，1 L = 1 dm^3）であり，曲線の傾き，$-\Delta[A]/\Delta t$，または，$\Delta[B]/\Delta t$ が反応速度となり，その単位は [mol dm^{-3} s^{-1}] となり，時間当りのモル濃度変化となる．

$$\text{生成物の生成速度} = \frac{\Delta[B]}{\Delta t}$$

$$\text{反応物の減少速度} = -\frac{\Delta[A]}{\Delta t}$$

上式でマイナス符号は反応物濃度が時間とともに減る速度を表す．

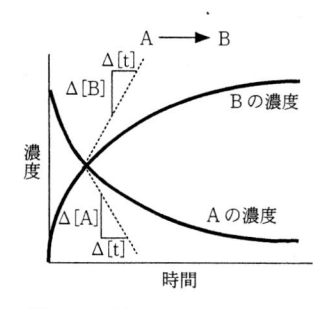

図 6.8 反応 A → B の反応物と生成物の時間変化

濃度 [A]，[B] の時間変化 $\Delta[A]/\Delta t$ と $\Delta[B]/\Delta t$ は，反応初期と反応後期では異なる．したがって，ある時間での反応速度は $\Delta t \to 0$ の値で，数学的には濃度の変化を時間変化について微分した値である．

例題 6.3 の

$$\frac{dx}{dt} = k(a-x)$$

を変数分離すると

$$\frac{dx}{(a-x)} = k dt$$

積分すると

$$\int \frac{dx}{(a-x)} = k \int dt$$

$$\int \frac{dx}{(a-x)} = -\ln(a-x)$$

$$k \int dt = kt$$

であるので

$$-\ln(a-x) = kt + C$$

ここで C は，積分定数であり，反応初期の $t=0$，$x=0$ では

$$C = -\ln a$$

となる．

例題 6.3（一次反応計算式の導き方）　A → B の反応を考えてみよ．

解） 最初の A 濃度を a，時間 t 後の分解量を x とすると t 後における A 濃度は $(a-x)$ となる．したがって，反応速度式は次式で表される．

$$v = \frac{dx}{dt} = k(a-x)$$

この微分方程式を解くと次式が得られる．

$$kt = \ln\left(\frac{a}{a-x}\right)$$

ここで k は 1 次反応の速度定数であり，単位は（時間）$^{-1}$ である．
　よって速度定数は

$$k = \frac{1}{t} \ln\left(\frac{a}{a-x}\right)$$

これを常用対数にすると

$$k = \frac{2.303}{t} \log\left(\frac{a}{a-x}\right)$$

ここで，時間 t と $\ln(a/(a-x))$ の間には直線関係が成立し，この関係を確かめることで一次反応であるか否か判断できる．

例題 6.4　一次反応計算式を，実際のエステルの加水分解反応について適応してみよ．

$$\underset{\text{酢酸エチル}}{CH_3COOC_2H_5} + \underset{\text{水}}{H_2O} \longrightarrow \underset{\text{酢酸}}{CH_3COOH} + \underset{\text{エタノール}}{C_2H_5OH}$$

解） この反応では水に比べて，酢酸エチルがきわめて薄い溶液で存在するので，水の量は反応の前後で変化しないと見なせる（このよ

うな場合を擬一次反応という）．したがって，反応の速さは酢酸エチルの濃度だけに比例する．酢酸エチルの加水分解反応で最初の濃度, $0.3\,\mathrm{mol\,dm^{-3}}$ が 10 分後に $0.15\,\mathrm{mol\,dm^{-3}}$ となる場合には

$$k = \left(\frac{1}{\text{時間}}\right)\ln\left(\frac{\text{はじめの濃度}}{\text{終わりの濃度}}\right)$$
$$t = (10\,\mathrm{min})(60\,\mathrm{s}/1\,\mathrm{min}) = 600\,\mathrm{s}$$

となる．したがって,

$$k = (1/600)\ln(0.3/0.15) = 0.0012\,\mathrm{s^{-1}}$$

原料の濃度が初期濃度の半分になる時間を半減期といい

$$t_{1/2} = \frac{\ln 2}{k} = \frac{0.693}{k}$$

で表せる．

このように k を用いて様々な時間 t における原料濃度を予測できる．

6.3.3 エントロピーと熱力学第二法則

1) エントロピー

反応や物質変化には熱エネルギーが関与する．これらの系に加えられたエネルギーはどのように使われるだろうか．このようなエネルギーの作用で自発的に起きる化学変化を予想するために**エントロピー**（entropy）S という熱力学量を考えなければならない．外界から与えられた熱エネルギー q によって物質が A 状態から B 状態へ変化するときに，そのエントロピー変化 ΔS は次式で表される．

$$\Delta S = \int_A^B \frac{\mathrm{d}q}{T}$$

すなわちエントロピー変化を計算するには A から B 状態への変化の微小階段の $\mathrm{d}q/T$ の総和を考える．温度が一定の場合には，上式は

$$\Delta S = \frac{q_B - q_A}{T}$$

となり，単位は，$\mathrm{J\,mol^{-1}K^{-1}}$ となる．

例えば，液体と固体の状態のエントロピーを比べる場合には，固体内の粒子の方が液体内のそれに比べて秩序正しく並んでいる状態にある．また，気体と液体では，気体分子の方が乱雑に容器全体に

> エントロピー変化が負になるということは生成物中の原子分子の自由度が反応物中よりも小さくなっていることを意味する．逆に，正のエントロピー変化（エントロピー増大方向）では，生成物の自由度が大きいことを意味し，反応や状態変化が進むために有利に働く．

表 6.1 物質の相転移に関するエントロピー変化

	温度 (K)	系の状態変化	ΔS ($\mathrm{J\,mol^{-1}K^{-1}}$)
H_2O	273	固-液	22
	373	液-気	108
CH_3OH	175	固-液	18
	337	液-気	104
C_6H_6	278	固-液	38
	353	液-気	87

広がっている．このため，固体より液体，液体より気体の方がエントロピーは大きくなる．したがって物質のエントロピーは融けたり沸騰したりすると増大する（表6.1）．

2) 熱力学第二法則

熱力学第一法則はエネルギー保存則であるが，系の変化がどの方向に向かって起こるのかは記述できない．つまり，熱が高い方から低い方に必ず移動するような自然現象には何も答えられない．例えば，ある高さから落下する際に物体の運動エネルギーは熱に変わる．しかし，逆に，そこで生じた熱によって物体を元の位置に戻すことができるだろうか．このような問いについて，熱力学第一法則（エネルギー保存則）は何も答えてくれない．このような熱エネルギーを完全に機械エネルギーに変えるようなことは，自然現象では許されていない．これはすべての種のエネルギーがまったく任意互いに移り変わることはできないためである．言い換えれば，熱源が，ある熱量を失い，その代わりに，物体の温度上昇が見られる以外に，与えられた系とその外界には何ら永続的な変化を残せない．このような自然現象で生じる自発過程ではそれに関わる2つの駆動力（エネルギー変化とエントロピー変化）で起こる系と外界の全体のエントロピー変化 $\Delta S_全$ は常に増加することになる（$\Delta S_全 > 0$）．すなわち，

$$\Delta S_全 = \Delta S_系 + \Delta S_{外界}$$

これが**熱力学第二法則**（second low of thermodynamics）の簡潔な表現であり，自然が変化する向きを指している．

> 落下の際に発生する熱で物体をもとに位置に戻すような永久機関の実現は不可能である．このように，いろいろな系で，ある過程や反応が"起こる"傾向を取り扱うとき，そのまま放置しても，元の状態に戻らない過程を**自発過程**という．

> 1824年カルノー（N. L. S. Carnot）が熱力学第二法則を証明した．これは不可能である……，という否定形になっている珍しい形式の法則である．

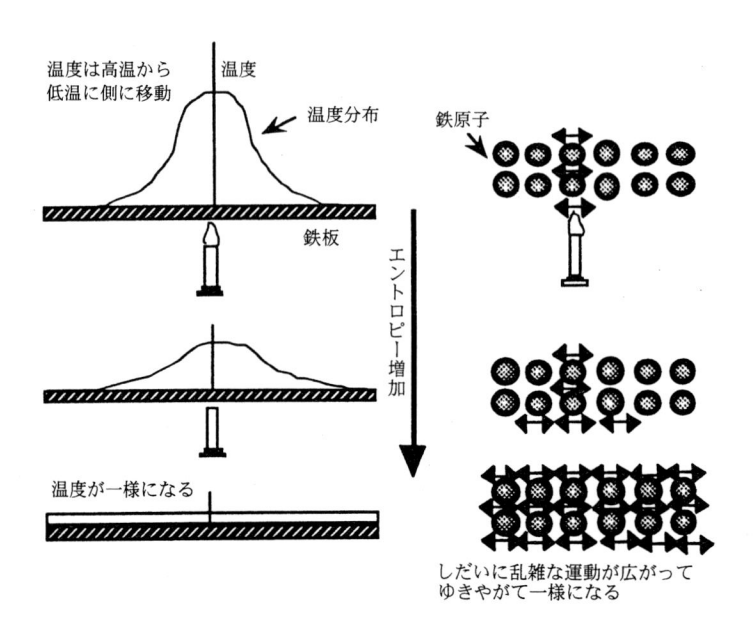

図 6.9 熱の伝導と乱雑さ

図 6.9 に熱の伝導を例に示す．鉄板をある部分から熱すると鉄板の温度は上がる．ある時，熱するのをやめると，鉄板の温度分布はだんだんと平らになり，やがては鉄板の全部にわたり一様な温度分布となる．これを鉄原子で見ると，熱せられた一部分の原子は温度が高く最も激しく運動（図中↔）しているが，熱源を断つと熱分布は徐々に広がり，同時にどの原子も平等に振動し，やがては全体の原子の乱雑な運動に変わる．すなわち系全体のエントロピーは増大したことになる．

化学変化の場合にも熱の移動のような物理変化と同様にエントロピーは増大する方向に進行する．これは反応が進むときには系と外界の乱れの増加を伴うためである．

3) 熱力学第三法則

絶対零度（0 K）では，純粋な結晶性物質のエントロピーは 0 に等しくなる．これを，熱力学第三法則（third law of thermodynamics）という．この温度では，物質はいずれも秩序性のある完全な結晶で存在するためである．したがって，この法則によりどんな物質でも 0 K から 298 K（25℃）までの正の値をとるエントロピーを与えることを可能にしている．この値を絶対エントロピー $S°$ という．

表 6.2 より物質によって $S°$ が異なることがわかる．同じ様な分子で比較した場合，気体に比べて液体や固体のエントロピーは一般に小さい．これは，気体は液体や固体よりも乱雑（無秩序な状態）であるためである．水のエントロピーがベンゼンよりも小さいのは水分子は互いに水素結合（p.19）しており，氷の構造に似た状態をとるためである．

表 6.2 25℃ での物質の絶対エントロピー

	$S°$ (J mol^{-1} K^{-1})
O_2	205.0
H_2O（液）	70.0
H_2O（気）	188.7
CH_3OH	126.8
C_6H_6	173.3
Fe	27.3

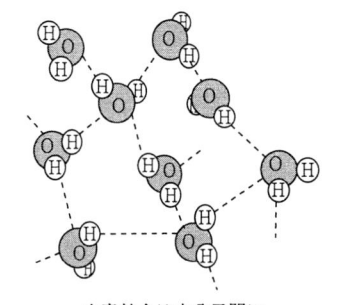

水素結合は水分子間に強い引力を生ずる

6.3.4 反応の進む方向と平衡

水素を酸素中で燃焼させると爆発的に反応は進行し，水が生じる．

$$2\,H_2 + O_2 \longrightarrow 2\,H_2O$$

反応の収率は，ほぼ 100% であり，水素と酸素の比が 2:1 であるかぎり，すべて水になり，反応ガスは残らない．つまり反応は一方向に右へ進むことになる．このような反応を**不可逆反応**（irreversible reaction）という．

これとは別に，第 5 章で述べたように酢酸などの化合物は，解離して H^+ と CH_3COO^- に分かれる．しかし，容器内には，H^+ と CH_3COO^- のほかに CH_3COOH が認められる．この結果は，解離反応が，左向きにも右向きにも起こる平衡状態をとる**可逆反応**

(reversible reaction) である．すなわち十分に時間放置し，それ以上時間が経った平衡状態では生成物と反応物が共存している．したがって，右向きの変化（正反応）と左向きの変化（逆反応）が起こっている．

$$A+B \rightleftarrows C+D$$

この場合に，平衡定数を K とすると平衡時には，生成物の濃度の積 [C][D] と反応物の濃度の積 [A][B] の比は一定になる．

$$K=\frac{[生成物]}{[出発物]}=\frac{[C][D]}{[A][B]}$$

ここで，K の値は温度が決まれば固有の値であり，この関係を**化学平衡の法則**，または質量作用の法則という．

> 反応速度とは反応が速いか遅いかであり，平衡はどちらの方向に反応が進むかということを意味している．

平衡定数が大きければ生成物の濃度 [C][D] は，出発物 [A][B] より高くなる．この場合には反応は左から右に進み，逆に，K が小さければ反応は右から左へと進む．このような平衡式は反応が速いか（いかに速く平衡に達するか），または遅いかは，何も教えてくれない．

反応系がある状態から別の状態に移るときに，仕事の最大エネルギー量は，自由エネルギー G と呼ばれている．このエネルギー量は，出発物と生成物間のエネルギー差であり，**ギブスの自由エネルギー**（Gibbs free energy）として定義され，反応熱 ΔH からエントロピーの寄与 ΔS を引いたものに等しい．

$$\Delta G = \Delta H - T\Delta S$$

> 大きな発熱を伴う反応は，いつも生成物寄りに反応が進行し，大きな平衡定数となる．したがって自由エネルギー変化は負の方に向かう．

図 6.10 では，化学変化の自由エネルギーを説明しており，この自由エネルギー曲線では反応物と生成物の間に最小値がある．このエネルギーの低い最も安定な状態が平衡点である．図中の矢印で示すように，この反応は反応物からも生成物からも最小の方向に向かうように進む．図より，ΔG の値が平衡に関して，どの位置にある

> 曲線の最小値はこの反応系が平衡に達するのに必要な反応の進み具合を示す．左図は反応物寄りに平衡が存在寄りの平衡となっている．図中の矢印は反応の方向を示す．

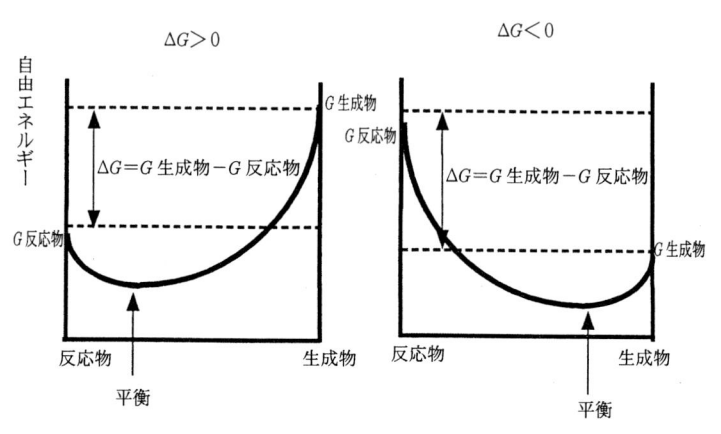

図 6.10 化学変化における自由エネルギーと反応物と生成物の平衡状態

のか決めることができることがわかる．自発的に平衡に向かって系の自由エネルギーが減少する場合，ΔG が負となる．また，ΔG が正になったときには，反応は逆の方向に進む．したがって，$\Delta G>0$ と $\Delta G<0$ では，平衡の位置がそれぞれ反応物または生成物寄りになっている．このことから，反応における自由エネルギー変化は，平衡定数の関数で表すことができる．ΔG と K の関係は，

$$\Delta G = -RT\ln K$$

となる．ここで，R は気体定数，T は絶対温度である．

6.3.5 反応に及ぼす温度の影響

1) 活性化エネルギー

前述したように，温度が変われば分子の持つエネルギーも変わってくる．したがって，濃度を一定にして反応温度を変えると反応速度の及ぼす温度の寄与を調べることができる．温度が高いほど，原子や分子は，より大きな運動エネルギーを持つようになるのでこれにより反応は速まる．化学変化では，ある運動エネルギーを持った反応物同士が互いに衝突して起こり，原子間の組み換えが生じ生成物分子が生成する．このためには，反応分子同士を激しく衝突させるような，あるエネルギー量を与える必要がある．

このように化学反応には，反応が起こるための分子遭遇と反応が生じるためのエネルギーが必要である．この際に，反応物分子の間の結合が切れると同時に新しい結合ができかけるエネルギーの高い活性状態（**活性錯体**；activated complex）を経る．図 6.11 に示すように，エネルギーを十分持った分子同士が衝突すると生成物になりやすい分子の原子配置をとった活性錯体を経て，よりエネルギーの低い安定な生成物となる．この反応途中のエネルギーが最大となる状態はまた**遷移状態**（transition state）ともよばれている．このように化学変化はある一定以上のエネルギーをもった粒子が衝

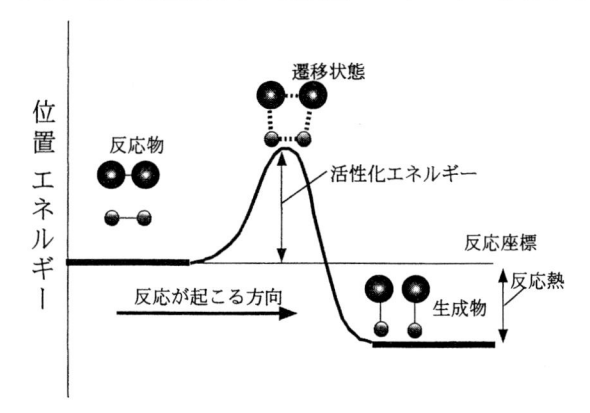

図 6.11 活性化状態と活性化エネルギー

突したときにのみ起こる．この化学変化を起こすのに必要なエネルギーを**活性化エネルギー**（activation energy）という．図に示す発熱反応の活性化エネルギーは，反応物の位置エネルギーと遷移状態の山の頂上との間の位置エネルギー差に対応する．また，生成物が反応物の位置エネルギーよりも高い（図6.3）吸熱反応の場合にも同様に活性化エネルギーは反応物の位置エネルギーと活性錯体のとりうる最大の位置エネルギーとの差で表される．

例題6.4の酢酸エチルの加水分解の場合には，硫酸のような酸を添加すると反応がより速く進む．これは添加した酸が一時的に反応物と錯体を作り，反応がより進行しやすくなるためである．この反応では添加した硫酸が活性錯体を形成し活性化エネルギーを低下させる作用がある．したがって，この反応では活性錯体を作る過程が律速となる．

> 活性化エネルギー（単位はJ mol^{-1}）は活性錯体1molを生じるのに必要なエネルギーであり，これは反応が起こるのに必要なエネルギーでもある．

$$CH_3-\underset{\substack{\| \\ O}}{C}-OC_2H_5 + H_2O \xrightarrow{H^+} \left[CH_3-\underset{\substack{| \\ H-O^+-H}}{\overset{OH}{C}}-OC_2H_5\right] \rightarrow \left[CH_3-\underset{\substack{| \\ OH}}{\overset{OH}{C}}-OC_2H_5\right]$$

酢酸エチル　　　　　　　　　　　　　活性錯体

$$\downarrow$$

$$CH_3COOH + C_2H_5OH + H_2O$$

　　　　　酢酸　　　エタノール

活性化エネルギーは，1889年アレニウスがショ糖の転化速度と温度の関係から次のアレニウスの式より導いた．

$$k = A\exp(-E_a/RT)$$

ここでkは反応速度定数，Rは気体定数，E_aは活性化エネルギーであり，反応途中に存在するポテンシャルエネルギー壁の高さに関係している．

例えば，系の温度を上げると，高いエネルギーを持つ分子の割合が増えるので，これによってエネルギー障壁を越えて反応できる分子数が増加する．アレニウスの式のAは頻度因子ともいい，温度に無関係な固有の定数である．また，指数項，$\exp(-E_a/RT)$，はボルツマン因子であり，活性化エネルギー以上のエネルギーを有す反応分子の割合を示している．

> アレニウスは，1902年にノーベル化学賞を受賞した．
>
> 傾き $= \dfrac{\Delta(\ln k)}{\Delta(1/T)} = -\dfrac{E_a}{R}$
>
> アレニウスの式は自然対数をとると
>
> $\ln k = \ln A - (E_a/RT)$
>
> となり$1/T$と$\ln k$をプロットするとその勾配（E_a/R）は直線となる．

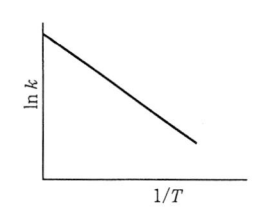

例6.2　E_aの導き方

アレニウス式

$$k = Ae^{(-E_a/RT)}$$

を対数で表すと

$$\ln k = -E_a/RT + \ln A$$

$$(\log k = \log A - (E_a/2.303\,R) \times (1/T))$$

この式で温度 T の逆数と速度定数の間には直線関係が成り立つ．例えば，温度 T_1 時の速度定数を k_1, T_2 の場合を k_2 とすれば

$$E_a = 2.303\,R\left(\frac{T_1 T_2}{T_2 - T_1}\right)\log\frac{k_2}{k_1}$$

より活性化エネルギーが求まる．

　反応の起こりやすさや，衝突の起こりやすさは，分子の有する運動エネルギーの大きさにより決まるので，濃度を濃くして衝突回数を増やしたり，温度を上げて分子の持つエネルギーを高めることは有用である．では，反応温度の効果をどうやって説明できるだろうか．ほとんどの化学反応の場合には，温度を上げれば反応速度は増える．

　これは図 6.12 に示すように T_1 から T_2 への温度上昇で反応粒子の熱運動エネルギーが大きくなり，活性化エネルギー以上のエネルギーを持つ分子数が増加するためである．活性化エネルギーは反応が生じるのに最小限必要な運動エネルギーであるので，これより高いエネルギーを持つ分子は反応に関与する．

温度と反応速度の関係：
　粒子のもつ速度は
$$v \propto k\sqrt{T}$$
となり絶対温度の平方根に比例する．したがって，温度が高くなると化学変化を起こす粒子数も増える．

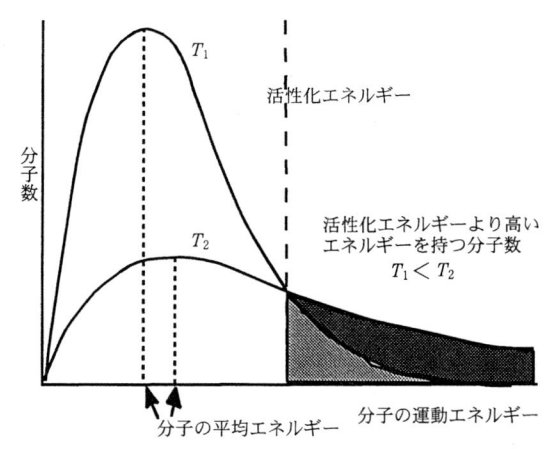

図 6.12　分子の運動エネルギー
温度を上げると分子の運動エネルギーの分布も変わり，活性化エネルギー以上の分子数が多くなる．

2) 触媒作用と活性化エネルギー

　活性化エネルギーが大きいものは，実際に反応を生じさせにくいが，適当な触媒を使うと反応が進みやすくなる場合があることをすでに述べた．このような触媒作用の機構は，複雑であるが，ふつうでは起こりにくい反応の活性化エネルギーを低下させる作用があり，結果として反応を起こりやすくさせる物質のことをいう．例えば，酢酸エチルの加水分解反応では酸を添加すると反応速度は急激

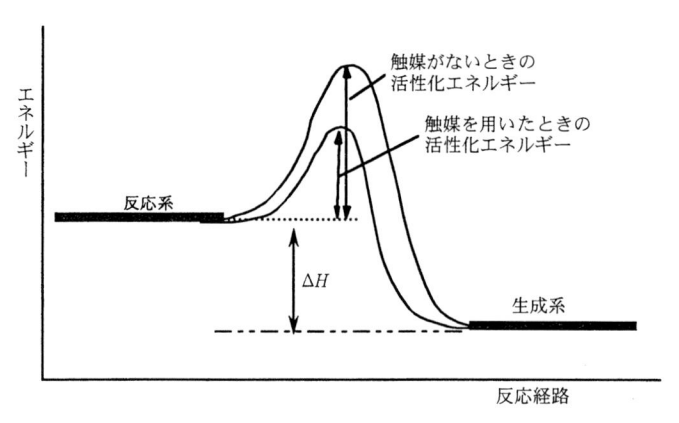

図 6.13 触媒と活性化エネルギー

触媒とは：
反応速度を速くしたり遅くしたりするが自分自身は反応前後で変化しない物質．
触媒は化学反応に影響を与えるので反応熱も変化させるだろうか：触媒作用により反応熱は変化しない．反応熱は一定量の反応物が反応した際に発生（または吸収）する熱量であり，速度とは無関係である．

均一触媒 (homogeneous catalyst)：
触媒と反応物が均一に混合し，触媒が一時的に反応物と化合物を作り，触媒作用を発現する化合物をいう．

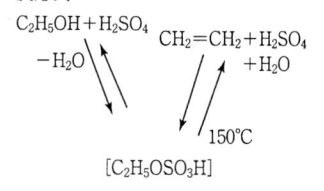

反応式
$$C_2H_5OH + H_2SO_4 \rightleftarrows CH_2=CH_2 + H_2SO_4$$
$-H_2O$ $+H_2O$
$150°C$
$[C_2H_5OSO_3H]$

不均一触媒 (heterogeneous catalyst)：
反応物と均一に混じらず，触媒が反応物を吸着し反応の活性化エネルギーを低下させる．主に固体触媒が多い．

に増加した．この場合，酸は**触媒**（catalyst）として作用する．

図 6.13 に示したように，反応経路に沿って，反応物から生成物に移るエネルギー曲線は触媒により変化するようになり，その作用により活性化エネルギーを低下させる．触媒は反応に正味のエネルギーを与えないので反応系の反応熱 ΔH は触媒作用では変化しない．

触媒作用は，一般に反応速度を速くする（正触媒）ために用いられるが，反応を遅くするもの（負触媒）もある（通常，正触媒を触媒という）．

エタノールに硫酸を加え，加熱するとエチレンが生じる反応は，酸の均一触媒作用の1つである．この場合に，$C_2H_5OSO_3H$（エチル水素硫酸）は反応中間体となる．これを利用して，固体酸であるアルミナに，エタノールを接触させた不均一触媒の作用で，エチレンを生成させることもできる．また，アルカリ性の酸化カルシウムを作用させれば，脱水素反応が起こり，アセトアルデヒドを生じる．このように，触媒の種類により違った生成物を得ることができる．

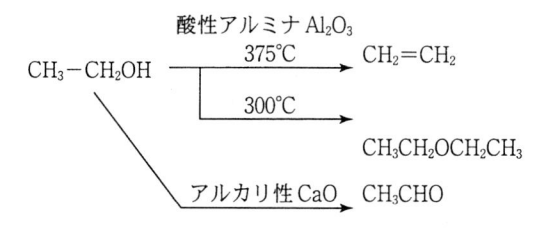

$$CH_3-CH_2OH \xrightarrow[300°C]{\text{酸性アルミナ }Al_2O_3, 375°C} CH_2=CH_2$$
$$\rightarrow CH_3CH_2OCH_2CH_3$$
$$\xrightarrow{\text{アルカリ性 }CaO} CH_3CHO$$

6.4 電磁気エネルギー

6.4.1 光と電磁波

光は**電磁波**（electromagnetic wave）とよばれ，波の性質を持

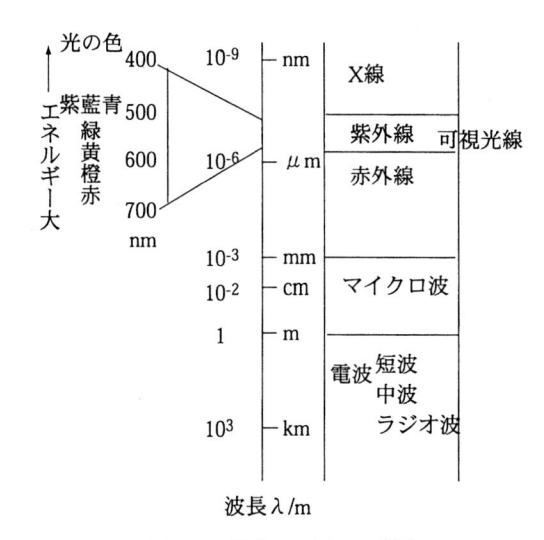

図 6.14 電磁スペクトルの領域

ち，その振動数の高い方から低い方へ γ 線，X 線（X-ray），紫外線（ultraviolet），可視光（visible），赤外線（infrared），マイクロ波（microwave），ラジオ波（radio）と分類できる（図 6.14）．ここで，**振動数**（frequency）の単位はヘルツ（Hz）であり，1 秒間に振動する電磁波の波の数である．これを，毎秒約 30 万キロの光の速度（光速 $c = 2.998 \times 10^8$ m s^{-1}）で表すと，この電磁波の振動数（ν）と波長（wavelength, λ）の関係は $\lambda = c/\nu$ となる．このことから電磁波の振動数が高いほど，波長は短くなり，逆に周波数は低くなるほど，光の持つ波長は長くなる．このような電磁波は，また，粒子としての性質もあわせ持っている．それが**光子**（photon）という固まり（束）となり，物質に放射，吸収され，物質にエネルギー変化を引き起こす．電磁波の光子のエネルギー ε は

$$\varepsilon = h\nu = hc/\lambda$$

で与えられる．ここで，h はプランク定数（$h = 6.626 \times 10^{-34}$ J s）である．上式で得られるエネルギーは，1 光子の有するエネルギーに相当する．可視光や紫外線を扱うときには，電磁波の波長を nm 単位で表し，光のエネルギーは kJ mol^{-1} で表すことが多い．

1 mol あたりの光エネルギー E と波長 λ は，アボガドロ定数 N_A を乗じて次のようになる．

$$E = h\nu N_A = hN_A c/\lambda$$
$$= \frac{(6.626 \times 10^{-34} \text{ J s})(2.998 \times 10^8 \text{ m s}^{-1})(6.02 \times 10^{23})}{(1000 \text{ J kJ}^{-1})(\lambda \times 10^{-9} \text{ m})}$$
$$= \frac{119620}{\lambda} \text{ kJ}$$

最も身近な光源，太陽光には紫外可視領域の電磁波が含まれてい

約 30 万 km s^{-1} は，1 s に地球を 7 周半する速度に相当する．

波数は 1 cm あたりの波長の数でも表される．

1 nm $= 10^{-9}$ m $= 10^{-7}$ cm
100 nm $= 10^{-5}$ cm

アインシュタインの理論：

1905 年，アインシュタイン（A. Einstein）は振動数 ν の光はエネルギー $h\nu$，進行方向に運動性を有する光速 c の速さで進む粒子であるという光量子説をたてた．ここでは 1 個の原子または分子は一度に 1 光量子しか吸収できない．

電磁波は電場の波である電波と磁場の波である磁波が共存し伝わる電磁場の波動である．電磁波の伝わる速度は振動数によらず一定で $c=2.998\times10^8$ m s^{-1} である．

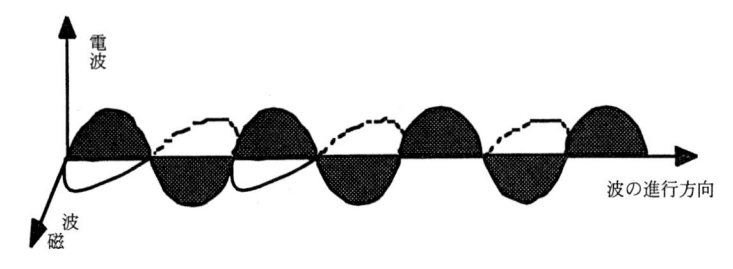

図 6.15 電磁波の構造

る．図 6.15 のように光は電気の波と磁気の波で構成されており，波長 450 nm の青い光は

$$\nu = 3.0\times10^8/450\times10^{-9} = 6.7\times10^{14}\text{ s}^{-1}$$

となり，この光は 1 秒間に 670 兆回振動を行っていることになる．

6.4.2 光で分子にエネルギーを与える

物質には色があり，ここに光が当たると，われわれはその色を認識できる．光が放射されると，その色の補色の光が吸収されて，残りの吸収されない光が目に入り，色として見えるためである．人間の目で見て無色の物質でも，必ず光を吸収している．ただ，光の波長が紫外線や赤外線で，人間には見えないだけである．

太陽光には様々な波長の光がある．そのうち最も波長の短い有害な紫外線はオゾン層や酸素に吸収される．それよりも長い波長の紫外線は，これらの層を通り抜けて地球に達するが，そのうち波長の短い紫外線は，エネルギーが大きいので日焼けなどや，皮膚を黒くするような害や時には皮膚ガンをも引き起こす．

では，分子による光吸収はどのようにして起こるのであろうか．光は粒子と電磁波の両方の性質を持つため図 6.15 のように電場と磁場が進行方向に対してそれぞれ垂直な方向に振動している．この電磁波が物質に入射されると，電子や原子核に電気力と磁力を及ぼし，振動する電場は電子の運動を大きく変えてしまう．したがって，光の振動数が物質の電子と原子核との固有振動数に一致したとき（共振または共鳴という），物質の電子は光の電場にあわせて運動しはじめる．言い換えれば，吸収される物質の色（吸収スペクトル）を調べれば，どんな原子や分子があるか，また，どんな官能基が光を吸収しているかがわかる．このような官能基は**発色団**（chromophore）という．

物質に吸収された光は，物質にどのような変化をもたらすであろうか？ 一般に光吸収は，物質分子を興奮（**励起**；excitation）させ，様々なエネルギー状態を分子に与えることができる．

エテンのような二重結合を持つ分子は，π結合（π電子）を持つ（p.15 参照）．

ホルムアルデヒドを例に示すと炭素と酸素間の不飽和結合（二重結合）に関与する電子（π電子という）は紫外光領域の光吸収で励

起される．また，酸素の非共有電子対（n電子と呼ばれている）も同様に励起される．C-H間とC-O間のσ結合は結合電子であり，π電子より強く分子に束縛され，これを励起させるためには，さらに波長の短いエネルギーの高い光が必要である．図6.16にはホルムアルデヒドの光吸収の例を示す．いずれも分子内の結合性の電子（π, n）から高いエネルギー状態の反結合性（π*）軌道に励起される（これを遷移という）．このような有機化合物の電子的な吸収は通常，紫外可視領域に現れる．これらの吸収は有機分子内の特定の発色団による吸収に帰属される．カルボニル基（C=O）を含む化合物では，図示したように，C-O間の二重結合のπ電子が上の状態の殻のπ*軌道に励起される（π→π*遷移）．また，酸素の非共有電子対のうち1個が高エネルギーへ励起されて空のπ*軌道に入る遷移（n→π*遷移）もある．これらの吸収は，π→π*遷移で約180～190 nmの領域，n→π*遷移で約230～340 nmの領域に見られる．

図6.17に光吸収，放射プロセスを示す．光を吸収した分子は光のエネルギーによって分解せずに興奮状態（**励起状態**；excitaed state）となるが，その状態は，いずれはそのエネルギーを失う（**失活**；quenching）．失活の経路は様々あるが，励起状態からそのエネルギーを再び光として放出して，元の物質の状態（**基底状態**；ground state）に戻る場合や，そのエネルギーが熱に変わって戻る場合（**無輻射過程**；radiationless process）とある．光を発する場合，その現象は**発光**（emission）とよばれている．発光には2種類ありその寿命が短く残光を残さない**けい光**（fluorescence）と夜光塗料のように光を残す寿命の長い**リン光**（phosphorescence）があ

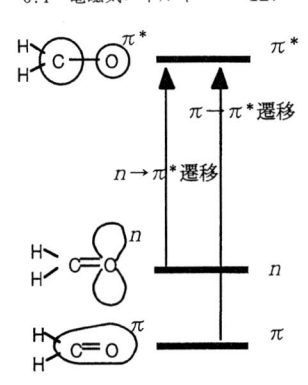

図 6.16 紫外線の吸収を引き起こすホルムアルデヒドの分子遷移

2つの原子の軌道が重なり結合を作るとき，2つの分子軌道ができる．1つは結合を安定させる軌道で各原子軌道の電子はここに入り結合を形成する．もう1つは反結合性の軌道で光などのエネルギーにより励起されてこの軌道に電子が入る．

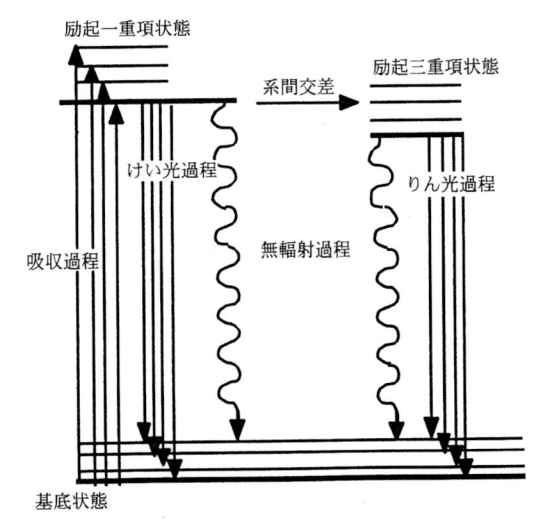

図 6.17 光吸収，放射過程

る．けい光を発する励起状態は**一重項状態**（singlet state）とよばれ，リン光は**三重項状態**（triplet state）からの発光である．光を吸収し一重項状態に上がった励起電子は系間交差とよばれる過程を経て三重項状態に移ることができる．これらの光励起状態は基定状態よりも活性が高く，光励起された分子同士やそのほかの分子と衝突し容易に反応する．

花火と発光

発光のよい例が「花火」である．花火の色は，炎色反応同様に，高温での元素の単原子や分子気体の電子が励起されて，安定な基底状態に戻るときの光である．
　　赤　　ストロンチウム（Sr）
　　黄色　ナトリウム（Na）
　　緑　　バリウム（Ba）
　　青紫　セシウム（Cs）
燃焼源は過塩素酸カリウムの酸化の際の熱で，2500℃以上の温度が得られるが，青色は他の部分の色で弱められてしまい，青い炎の花火は難しい色とされてきた．CuClは青の光を比較的低温（～1200℃）で発することができる．

ホタルは，配偶者を見つけるために緑色の蛍光を発する．生きている生物の発光機構には，化学反応で生じた励起状態からの発光を**化学発光**（chemiluninescence）が関与している．ホタルの場合，ルシフェリンが関与している．ホタルが光を発するには，ルシフェラーゼ酵素，酸素，エネルギー供与体のアデノシン三リン酸（ATP）の作用で，ルシフェリン分子がOH基を失い，電子励起状態を生成し，これが，ホタル発光を発する反応となる．

　光の波長が，紫外線よりずっと短くなった場合，この高エネルギーの光が物質にあたると，分子から電子が飛び出すようになる．例えば，金属にあたれば，そこからエネルギーを持った電子が飛び出す（これを**光電効果**という）．飛び出した電子は光電子とよばれ，後には陽イオンが残る．この方法には分子をイオン化するのに必要な振動数がはっきり決まった強い（エネルギーが高い）単色光源が必要で，実際には，58.4 nm（このエネルギー量は21.22 eVに相当する）に強い線を与えるヘリウム放電光がよく使われる．このような手法は，各分子の持つエネルギースペクトルを測定することから**光電子分光**とよばれている．

　さらに，原子殻の奥に潜んだ電子（内殻電子）の結合エネルギーを調べたい場合には，もっと波長の短くエネルギーの高いX線を使う．代表的なX線源はマグネシウム（1253.6 eV）とアルミニウム（1486.6 eV）である．この場合X線光電子分光（**ESCA**）とよ

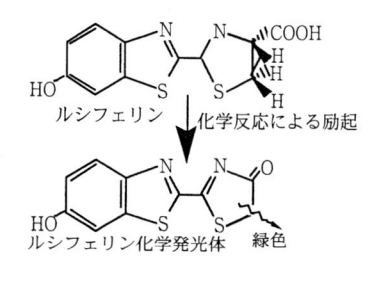

ルシフェリン　化学反応による励起
　　　↓
ルシフェリン化学発光体　緑色

　1電子ボルト（eV）は，電子が真空で1ボルトの電位差間に加速される際に得られるエネルギーをいう．
　電子の電荷は1.602×10^{-19} Cなので，1 eVのエネルギーは
$$1.602\times10^{-19} \text{ C·V}$$
$$=1.602\times10^{-19} \text{ J}$$
である．1モル当たりのエネルギーならこれにアボガドロ数を乗じて
$$1 \text{ eV}(\text{分子})^{-1}\fallingdotseq 96.48 \text{ kJ mol}^{-1}$$
である．

ばれている.

　逆に，光の波長が長く，エネルギーの少ない場合はどうなるであろうか？　赤外線領域になると電球の熱せられたフィラメントから発する熱エネルギーがその光源としてよく利用される．この赤外部の電磁波は，紫外線や可視光線よりもエネルギーが低く，分子の振動を活発にさせる程度のエネルギーを持つ．例えばこのような振動エネルギーは，**赤外スペクトル**（infrared spectrum）として測定され，エネルギーは主に**波数**（wavenumber）単位で表される．赤外分光法は，化合物の確認などに広く利用されている重要な分析手段である．

　図 6.18 は水分子の基準振動モードを示している．分子内で互いに共有結合した原子はバネで固定された玉のような状態と考える．特定の波数の赤外光がこの分子に照射されると対応する一定の振動数を持ついくつかの基本的な振動を起こす．図 6.19 には水分子の振動エネルギーのパターンを示している．原子の動きを解析するとこれらの振動は，左から対称伸縮，対称変角，反対称伸縮とよばれる 3 つに分けられ観測される波数も異なる．

　図 6.20 には官能基の基準振動領域をまとめて示してある．赤外線の光子は，分子のエネルギーを，ある振動エネルギーから次の振動エネルギーへ上げるだけのエネルギーを持つことは述べた．典型的な赤外線の振動数の $3\times 10^{13}\,\mathrm{s}^{-1}$ を波数に直すと，

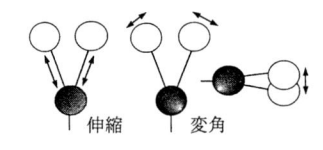

$$\nu/c = (3\times 10^{13}\,\mathrm{s}^{-1})/(3\times 10^{10}\,\mathrm{cm\,s}^{-1}) = 1000\,\mathrm{cm}^{-1}$$

図 6.18 水分子の基準振動

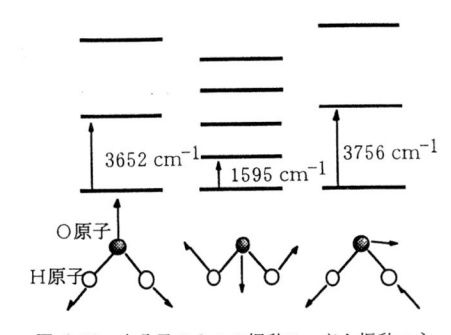

図 6.19 水分子の 3 つの振動モードと振動エネルギー準位図

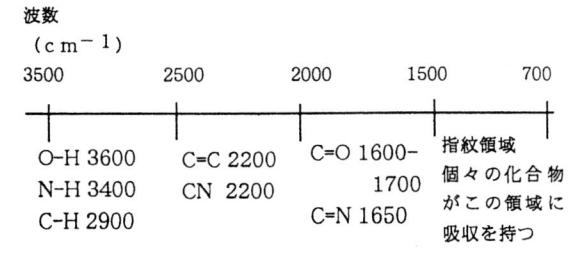

$3652\,\mathrm{cm}^{-1}$　　$1595\,\mathrm{cm}^{-1}$　　$3756\,\mathrm{cm}^{-1}$

波数 (cm^{-1})

3500	2500	2000	1500	700
O-H 3600	C=C 2200	C=O 1600-1700	指紋領域 個々の化合物がこの領域に吸収を持つ	
N-H 3400	CN 2200			
C-H 2900		C=N 1650		

図 6.20 官能基の基準振動領域

130   6 化学反応とエネルギー

したがって，1000 cm^{-1} に相当する赤外光の光子エネルギーは，
$$E = h\nu = (6.6 \times 10^{-34} \text{ J s}) \times (3.0 \times 10^{13} \text{ s}^{-1})$$
$$= 20 \times 10^{-21} \text{ J}$$
のエネルギーを持つ．これは，分子が室温で持つエネルギー（参照エネルギー）$k_B T = 4 \times 10^{-21}$ J より大きいエネルギーとなる．ここで，k_B はボルツマン定数と呼ばれ 1.38×10^{-23} J K^{-1} の値である．

6.5 核エネルギー

放射性物質は強い**放射能**（radioactivity）を持ち，これらから発せられる放射線には**アルファ(α)粒子**（alpha particle），**ベータ(β)粒子**（beta particle），**ガンマ(γ)線**（gamma rays）がある．放射線を物質に照射すると，一般に分子内部の一部の電子が大きなエネルギーを得て，その分子から飛び出し，同時に，陽イオンが生じる反応が起こる．このようにX線や放射性物質から放射されるα，β，γ線の各放射線はふつうの化学反応の活性化エネルギーに比べれば非常に大きなエネルギーを持っている．

放射線の衝突で分子から飛び出した高エネルギーの電子は，さらに，ほかの分子と衝突し，しばしば分子は解離するか反応性の官能基となる．これは衝突により化学反応が誘発されたり，促進されたりするためである．このように高エネルギーの放射線が物質に及ぼす影響についての研究を**放射線化学**（radiation chemistry）とよんでいる．

核反応は原子核内部で生じる反応であり，通常の化学反応とはまったく異なる形で起こる．その反応変化が高エネルギーのα粒子や中性子により誘発される点は，一種の放射線化学である．ラジウムのような自然放射性元素から放射されるα線（高エネルギーのHe^{2+}イオンの流れ）が窒素にあたると次の反応が生じることをラザフォードは1919年に発見した．

$$^{14}_{7}\text{N} + ^{4}_{2}\text{He} \longrightarrow ^{17}_{8}\text{O} + ^{1}_{1}\text{H}$$

これは，α粒子のヘリウム原子核が窒素原子核に突入し，酸素の原子核と水素の原子核（陽子）を生じる反応である．このような自然放射性元素から照射されるα線のエネルギー量には限度があり，さらに高エネルギー粒子（陽子，中性子，重陽子）を人為的に作り出す装置（サイクロトロン）が開発され，核反応の研究は飛躍的な発展をとげた．

原子力発電は核反応を利用する典型的な例であり，重いウランの核が中性子の照射で質量のあまり変わらない2個の原子核に分かれ

ボルツマン定数 k_B は分子1個の気体定数で，気体定数 R とアボガドロ定数 N_A から
$$k_B = \frac{8.314}{6.02 \times 10^{23}}$$
$$= 1.38 \times 10^{-23} \text{ J K}^{-1}$$
となる．したがって，$k_B T$ は，温度 T での分子1個のエネルギーとなる．

質量数と同位体：
質量数（mass number）は元素記号の左上に書き，例えば，原子番号7の窒素（N）では
$$^{14}\text{N}$$
となる．ここで質量数は，陽子＋中性子数となるため 7+7=14 となる (p.3)．

図 6.21 新潟県柏崎刈羽原子力発電所（7基821万2000キロワット）
（資料提供：東京電力）

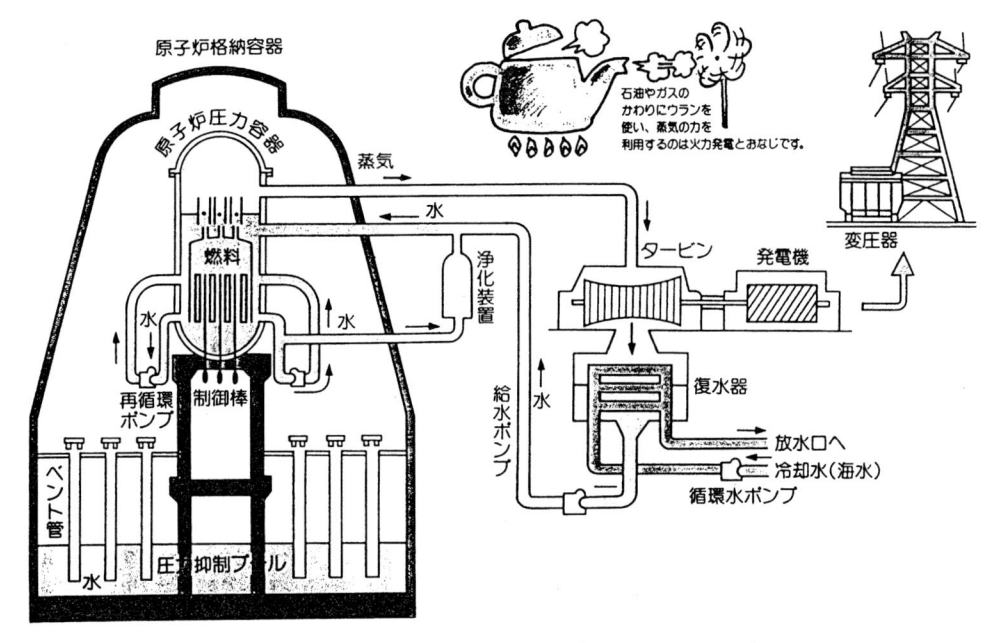

図 6.22 沸騰型軽水炉の発電の仕組み（資料提供：東京電力）

ると同時に，高エネルギーの中性子も放出する．これは**核分裂**（fission）と呼ばれており，下記に示した反応式の他に，実際にはさらに多くの分裂形式がある．

$$^{235}_{92}U + ^{1}_{0}n \longrightarrow ^{90}_{38}Sr + ^{133}_{54}Xe + 3^{1}_{0}n$$

この反応で減少した質量（質量欠損という）はアインシュタインの式

$$E = mc^2$$

に基づく莫大なエネルギー放出を放出し，その値はウラン 1 mol 当たりで 200 MeV（1.9×10^{10} kJ）にも達する．

沸騰型軽水炉発電の仕組みを図 6.22 に示す．原子力発電はウランが核燃料として燃やされる（核分裂）ときに発生する熱を利用している．原子炉の中には軽水（普通の水，p.3）が入っており，核分裂の熱で，水を沸かして蒸気に変え，蒸気の力でタービンをまわし，これにより発電器を動かして電気を起こしている．

放射性元素の放射性はその核の内部的変化により崩変する．その速度は現存する核の数を N とすると一次反応式により表される．

$$-\frac{dN}{dt} = k_\lambda N$$

k_λ は壊変定数とよばれ，核に固有の定数である．一次反応であるので N の数が半分になる半減時間 τ は $\tau = 0.693/k_\lambda$ として表され $^{226}_{88}$Ra（ラジウム）では約 1600 年である．

放射性元素の減衰は実際には，考古学上の年代測定に利用されて

原子燃料サイクルとプルサーマル——限りある資源の有効利用

原子燃料サイクルとは，原子力発電所の使用済み燃料から，燃料として利用できるプルトニウムやウランを回収し，リサイクルすることである．図示するように一連の工程がサイクルをたどるように循環していることから，こうよばれている．資源を無駄なく利用できるなどの利点を有するために，このような原子力燃料サイクルの確立が急がれている．

原子力発電所に導入されるプルサーマル用原子燃料としては，ウラン，プルトニウム混合酸化物（MOX）がある．プルサーマルとは，プルトニウムとサーマルリアクター（熱中性子炉＝軽水炉）の略語である．軽水炉はふつう天然ウランを濃縮し，核分裂性のウラン235の濃度を3～4%高めたウラン燃料を使っている．しかし，このウラン燃料の代わりに核分裂性のプルトニウムをウランに混ぜて軽水炉で燃やすことができる．これがプルサーマルとよばれる方式で，フランス，ドイツではかなりの運転実績がある．濃縮ウランを軽水炉で燃やした場合にはウラン238が中性子を吸収しプルトニウム239に変わる．このプルトニウムはウランと同じく核分裂を起こすため，ウランの代わりに燃料として利用できる．ウラン燃料を軽水炉で燃やし利用する方式に比べてコストが高くなるが，プルトニウムを利用する高速増殖炉開発の実用化の見込みはほど遠い現状で，MOX燃料を燃やすプルサーマルで核燃料サイクルの輪を閉じ，核燃料の有効利用と原子爆弾の原料ともなるプルトニウムを諸外国が持たない意味でも，プルトニウムを優先的に消費する必要性があり経済性を度外視して実施される．

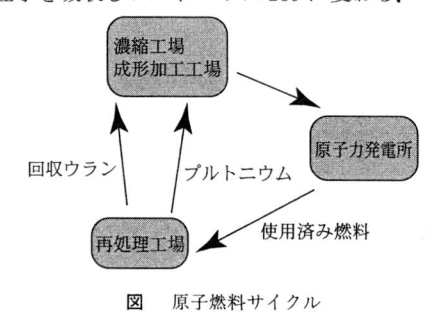

図 原子燃料サイクル

いる．生物に含まれている^{14}Cの割合は，生物がその活動が停止し，炭素の生物内への取り込みが止まった後では，次の式にしたがい減少し，放射線量がその崩壊により年々少なくなる．

$$^{14}_{6}C \longrightarrow {}^{14}_{7}N + e^{-}$$

これを利用して^{12}Cに対する^{14}Cの比を測定すればその試料の年代推定ができる．

例題 6.5 放射性元素 ^{238}U は次のように崩壊する．

$$^{238}_{92}U \longrightarrow {}^{234}_{90}Th + {}^{4}_{2}He$$

この核反応の半減期は5×10^9年である．100 gの^{238}Uが1.0 gまで減少するには何年かかるであろうか．

解）

$$5 \times 10^9 = \frac{0.693}{k_\lambda}$$

より

$$k_\lambda = 1.4 \times 10^{-10} \text{ 年}$$

求める時間をtとすると

$$\ln \frac{100}{1} = k_\lambda t$$

これより

$$t = \frac{4.6}{1.4 \times 10^{-10}} = 3.3 \times 10^{10} \text{ 年}$$

よって，約330億年もかかる．

6.6 明日のエネルギー

6.6.1 化石燃料と代替エネルギー

石炭や石油のような,いわゆる化石燃料を燃やすことでエネルギーを得ることに依存している現在のエネルギー事情は,早急な転換が望まれている.これは,いずれは枯渇する化石燃料事情と,地球環境汚染の問題のために,一刻も早い代替エネルギーの登場が待ち望まれているからである.しかし,これには多くの問題があり,クリーンで安全なエネルギーの登場はまだまだ先の未来の話である.とはいえ,近年の原子力発電の普及率は,総消費電力の約35%(1999年現在)にも達し,化石燃料からの脱却が年々はかられている.

太陽の恵みは,われわれの生活に不可欠のエネルギーを与えてくれ,この地球表面に降り注ぐ太陽エネルギー量は年間3×10^{24} Jといわれている.これに対して,人類のエネルギー消費量は年間2.7×10^{20} Jと推定できるので太陽が約1時間降り注げばそのエネルギー量で人類生活をまかなうには十分の量となる.しかも,太陽エネルギーは,クリーンで枯渇しない.しかし,それを利用する際には,そのエネルギー密度が小さいこと,時間や天候に左右されることなど問題も多い.

表 6.3 現在利用されている太陽エネルギー変換系のエネルギーと他の自然エネルギー

天然変換系	光合成エネルギー源 バイオマス(薪,石油,メタン,アルコール)
人工変換系	太陽電池 水の光分解 人工光合成 光化学的エネルギー貯蔵
自然エネルギー利用	水力発電 風力発電 波力発電 海洋温度差発電 地熱発電

一方,天然の緑色植物が光合成を巧みに利用してエネルギーの低い二酸化炭素と水からデンプンのようなエネルギーの高い物質を製造している.この反応は,植物のクロロプラスト(葉緑体)で行われている.

$$6\,CO_2 + 6\,H_2O \longrightarrow C_6H_{12}O + 6\,O_2$$

その過程はまず,葉緑体の緑色クロロフィルが可視光を吸収し励起され,反応を起こし電子を移動させ,最終生成物を製造している.光反応中心は,クロロフィル,バクテリオクロロフィルなどのポルフィリンマグネシウム錯体である.そのエネルギー変換の巧妙さには目を見張るものがあり,光反応系I,IIの二段階の光反応と電子を効率良く光反応中心に伝達する分子ワイヤーから成る(図6.23).その光反応中心にはいずれにもクロロフィルが関係しており,反応中心IはP 700,IIはP 680とよばれている.

第一段階では，光反応系のクロロフィルIIが太陽光の可視光を吸収し，クロロフィル内の電子は高い状態に励起される．このとき，電子が抜けた場所は，正孔とよばれ，正電荷を持ち，強い酸化力を有する．この正孔が，水分子から電子を奪い取り，酸素分子が発生する．

$$2H_2O \rightarrow O_2 + 4H^+ + 4e^-$$

高い状態に持ち上げられた電子は効率よく光反応中心Iまで移動し，再び，太陽光で励起され，さらに高いレベルまで押し上げられる．この電子は，ほかのATPの助けを借り，二酸化炭素と反応してグルコースなどの糖を合成する．

R=CH$_3$（クロロフィル a）
R=CHO（クロロフィル b）

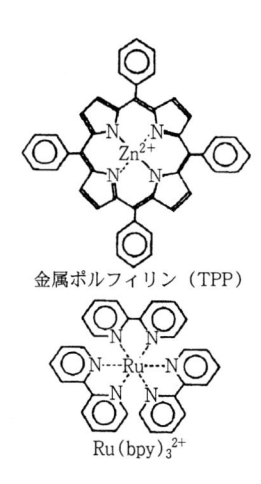

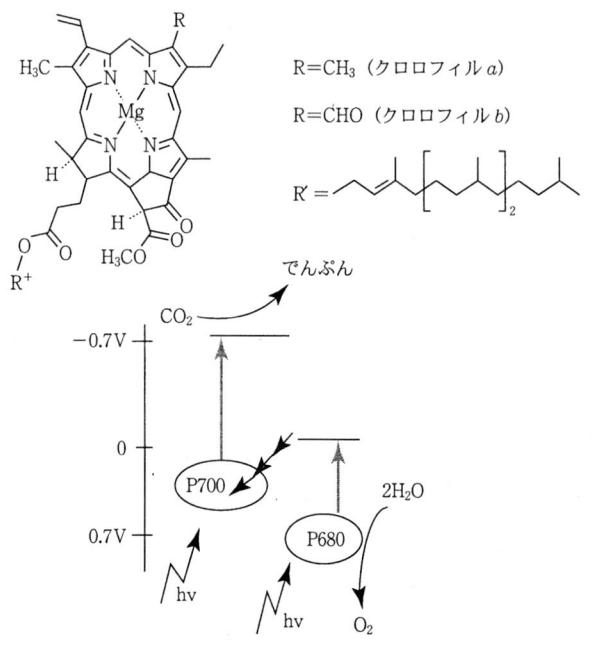

図 6.23 光合成での電子の流れ

金属ポルフィリン（TPP）

Ru(bpy)$_3^{2+}$

6.6.2 石油に代わる光エネルギーの利用
1) 太陽光による水分解

光合成の光反応の中心が金属を含んだテトラピロール錯体であることに着目し，金属ポルフィリン（TPP）やそのほかの合成色素錯体を用いた人工光合成システムの開発が行われている．例えば，トリスビピリジルルテニウム錯体（Ru(bpy)$_3^{2+}$）は光励起により適当な酸化触媒と還元触媒を共存させると酸化サイトから酸素が，還元サイトからは水素が生成する（図6.24）．特に，色素化合物やTiO$_2$などの半導体コロイドの強い酸化還元力を利用した水の光分解による酸素と水素生成は，大変多くの研究が成されているが天然の光合成を凌駕するにはいたっていない．

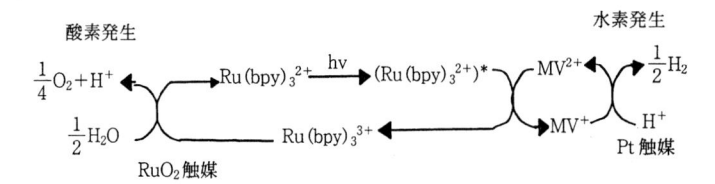

図 6.24 ポルフィリンやルテニウムビピリジル金属錯体と（Ru(bpy)$_3^{2+}$）錯体系での光電子移動反応過程

2) 太陽電池

いまではポケット計算機のほとんどが電池交換を必要としない太陽電池を組み込んでいる．この太陽電池は，トランジスタに使われているp型とn型のシリコン結晶板からできており，p型（正型）

とn型（負型）の半導体結晶板が貼りあわされている境界に光が当たると電圧が生じる（図6.25）．これは，p型境界に光が当たると励起された電子はシリコン界面に移動し，その結果，正電荷と負電荷が生じ，電位差ができるためである．この種の太陽電池は，照射した光の何％を電気エネルギーとして取り出すことができるのだろうか？　実在している太陽電池の中で最も効率の高い電池はガリウムヒ素結晶で，20％の効率を誇っている．この材料は高価であり宇宙船の太陽電池として利用されている．次に，高い効率は結晶性のシリコン，多結晶シリコンがそれぞれ15％，13％と続く．効率はずっと低下するが，アモルファスシリコンは，せいぜい7％の効率しかないのが現状であるが，低価格化や大型化の可能性を秘めている．

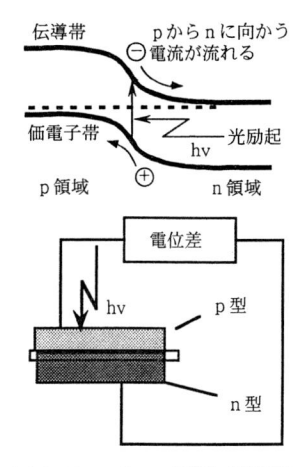

図 6.25 シリコン半導体太陽電池

6.6.3 燃料電池

水素やメタンのような還元性物質と，酸素などの酸化物質を適当な触媒（白金，ニッケル）存在で反応させて水ができるときに発生する電流を燃料として取り出すことができる．燃料電池は燃える水素やメタンを使用するためにこの名前が付けられた．

$$負極 \quad H_2 \longrightarrow 2H^+ + 2e^-$$

$$正極 \quad \frac{1}{2}O_2 + 2H^+ + 2e^- \longrightarrow H_2O$$

$$\left(まとめると \quad H_2 + \frac{1}{2}O_2 \longrightarrow H_2O\right)$$

この電池は，NASAがアポロ計画で月に人を送ったときに実用化された．図6.26に示す電池では，正極の酸素側電極では黒鉛電極が利用され，水素燃焼の反応が起こる．起電力は約1.1Vである．

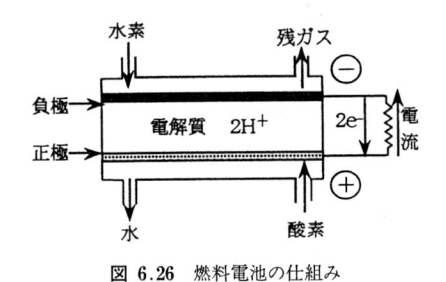

図 6.26 燃料電池の仕組み

6.6.4 核融合エネルギー

核分裂の反対が**核融合**であり，そのときに大量のエネルギーが放出される．この反応は，2個の同位体が一緒になり，1個の重い同位体を作る過程で，核融合反応は次のようになる．

$$^2_1H + ^3_1H \longrightarrow ^4_2He + ^1_0n + \text{energy} \uparrow$$

この反応は太陽の中で起こっている反応であり，地上で太陽を実現する技術として現在研究が進められている．このためには，約1億℃で10^{14}個cm^{-3}の粒子密度が必要であり，現在は，約15秒ほどの持続可能なところまで進んでいる．

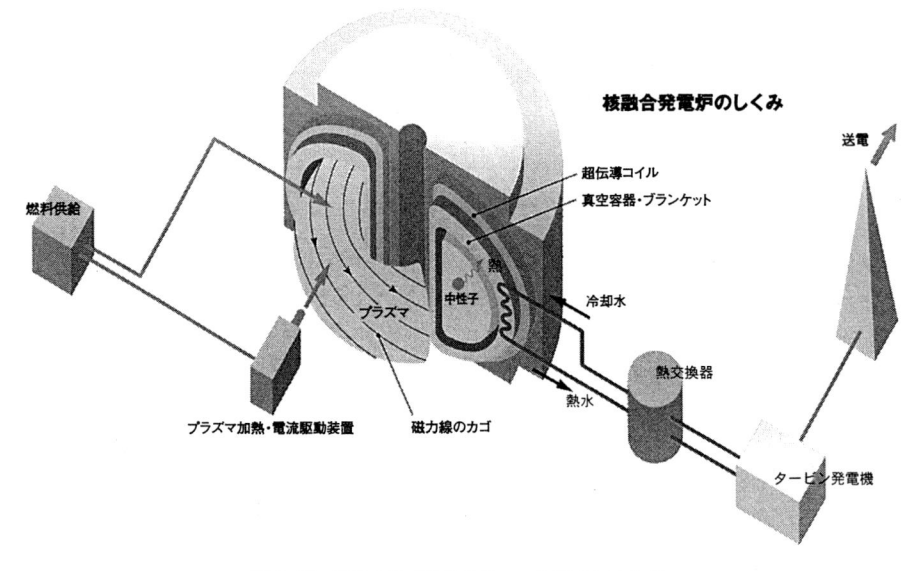

図 6.27 核融合炉（資料提供：日本原子力研究所）

6.6.5 自然を利用するエネルギー

$1W$（ワット）$=1 J s^{-1}$

これまで述べてきたエネルギーのほかにも，将来のエネルギー資源として，地熱エネルギーや風力エネルギーなどの自然を有効利用する方法が急速に普及してきている．例えば，地熱エネルギーでは岩手県の八幡平の火山帯に位置する澄川発電所（5万W）や鬼首（1万2500kW），松川（2万3500kW）などの発電所がある．また，八丈島（3300kW）にもある．風力発電は，2030年までには総電力の50%を風力エネルギーで確保する計画が，デンマークで進行中である．日本では，北海道苫前町で1999年11月に商業運転された2万kW発電が実施されており，ここでは2000年には3万600kWの発電を新たに実施することになっている．また，沖縄，久米島では日本最大規模の風力発電と太陽光発電を組み合せたハイブリッド発電システムが1999年3月から運転されている．年間推定発電量は約50万kWであり，その一部は島内の家庭消費電力として使われている．風力発電や太陽光発電では電気を貯える蓄電池が非常に重要であり，化学の知識はあらゆる分野で応用され，暮らしに役立っている．周囲をすべて海に囲まれ，火山帯域に位置する日本にとって，将来のエネルギー源として，地域に適した方法でエ

ネルギーを確保することは大変重要である．そのためには化学の知識を有効に利用し，社会に貢献，奉仕できるような技術者が多く育って欲しいものである．

参考文献

全体として

G. C. Pimentel, J. A. Coonrod 著（小尾欣一・八嶋建明・柿沼勝巳・神宮寺守・渋谷一彦訳）：ピメンテル 市民の化学，東京化学同人，1990.

日本化学会編：身近な現象の化学，培風館，1978.

日本化学会編：身近な現象の化学 PART-2―台所の化学―，培風館，1989.

長岡技術科学大学化学教育研究会編：産業を支える化学，内田老鶴圃，1990.

J. E. Brady, G. E. Humiston 著（若山信行・一国雅巳・大島泰郎訳）：ブラディ一般化学（上・下），東京化学同人，1991.

G. M. Barrow 著（大門 寛，堂免一成訳）：バロー物理化学（上・下）（第6版），東京化学同人，1999.

【第1章】

小暮陽三著：物理のしくみ（入門ビジュアルサイエンス），日本実業出版社，1992.

平野康一著：量子化学の基礎，共立出版，1986.

【第2章】

小泉袈裟勝著：単位のいま・むかし，日本規格協会，1992.

国立天文台編：理科年表，丸善，1999.

【第3章】

G. J. Leigh 編，山崎一雄訳：無機化学命名法―IUPAC 1990年勧告―，東京化学同人，1993.

安藤淳平・佐治孝著：無機工業化学（第4版），東京化学同人，1995.

小川雅彌・村井真二監修：有機化合物命名のてびき―IUPAC 有機化学命名法 A, B, C の部―，化学同人，1990.

阿河利男・小川雅弥・川手昭平・北夫悌次郎・木下雅悦・黄堂慶雲著：有機工業化学（第6版），朝倉書店，1988.

【第4章】

木下是雄著：物質の世界，培風館，1972.

北原文雄・古澤邦夫著：最新コロイド化学，講談社サイエンティフィク，1990.

【第5章】

吉野諭吉著：酸・塩基とは何か（化学 One Point 25），共立出版，1989.

君塚英夫著：化学ポテンシャル（化学 One Point 9），共立出版，1984.

H. Freiser, Q. Fernado 著（藤永太一郎・関戸栄一訳）：イオン平衡―分析化学における―，化学同人，1967

【第6章】

P. W. Atkins 著（玉虫伶太訳）：アトキンス新ロウソクの科学（SAライブラリー12），東京化学同人，1994.

B. H. Mahan 著（千原秀昭・崎山 稔訳）：やさしい化学熱力学（化学モノグラフ11），化学同人，1984.

分子科学研究振興会編：分子の世界，化学同人，1985.

K. J. Laidler 著（高石哲男訳）：化学反応速度論 I ―基礎理論・均一気相反応―，産業図書，1965.

K. J. Laidler 著（高石哲男訳）：化学反応速度論 II ―液相反応―，産業図書，1965.

索　引

あ　行

アインシュタイン理論　125
圧力　110
アボガドロ定数　30, 125
アボガドロの法則　67
アミン　60
アモルファス　71
アモルファスシリコン　135
アルカリ金属　22
アルカリ金属工業　45
アルカリ土類金属　22
アルカン(表)　49
アルキン　52
アルケン　50
アルコール　54
アルデヒド　56
アルファー粒子　130
アレニウス酸　88
アレニウスの式　122
アンモニアソーダ法　46

硫黄工業　44
イオン化エネルギー(図)　19
イオン結合　13
イオン結晶　72
イオン交換膜法　46
イオン性化合物　38
イオン伝導　72
イオン半径　19
異性体　50
一次反応　116
一重項状態　128
陰イオン　2
陰極　105

液晶　79
液体の性質　70
SI基本単位(表)　26
SI単位系　25
s軌道　8
エステル　58
sp混成軌道　16

sp^2 混成軌道　15
sp^3 混成軌道　15
エチレンを原料とする合成工業
　(図)　54
エチンの構造(図)　16
X線　125
X線電子分光(ESCA)　128
エテンの構造(図)　15
n電子　127
エネルギー　28, 107
エネルギー準位　108
エネルギー保存則　109
f軌道　9
塩　88
塩基　88
塩基解離定数　93
延性　20
塩析　82
塩素工業　45
エンタルピー　111
エントロピー　117

オキソ酸イオン(表)　40
オクタン価　50
オクテット則　13
オストワルド法　44
温度　28

か　行

会合　81
会合コロイド　81
階層構造　1
回転エネルギー　108
壊変定数　131
界面活性剤　71
解離エネルギー　114
解離定数(表)　94
化学エネルギー　109
化学結合　10
化学発光　128
化学平衡　83
　──の法則　120
可逆反応　119

核エネルギー　130
核分裂　131
核融合　135
加水分解　91
活性化エネルギー　122
価電子　9
ガラス転移温度　75
ガラス電極　96
カルコゲン　22
ガルバニ電池　102
カルボン酸　58
カルボン酸置換体　59
カルボン酸誘導体　58
カロリー(cal)　28, 112
還元剤(表)　99
還元(反応)　97, 100
緩衝液　94
官能基(表)　49

凝一次反応　117
基準振動　129
希ガス　21
気体
　──の状態方程式　66
　──の性質　64
　──の標準状態　110
気体定数　66
基底状態　127
基底状態電子配置　9
起電力　103
軌道　6, 127
希薄溶液の性質　77
ギブスの自由エネルギー　120
基本粒子　1
吸収スペクトル　126
吸熱反応　111
凝固　61
凝固点降下　78
凝縮　61
共振　126
凝析　82
共鳴　126
共有結合　14

共有結合結晶 72
共有電子対 14
極性 76
極性分子 18
均一触媒 124
金属 20
　──の精錬 47
金属結合 16
金属結晶 72

クォーク 1
クロロフィル 133

系間交差 128
けい光 127
軽水 3
結合エネルギー 112, 114
結晶 71
結晶化 75
結晶系 74
結晶格子 73
ケトン 57
原子 1
　──の軌道の形(図) 8
原子価殻 9
原子価軌道 9
原子軌道 6
原子構造 2
原子質量単位 4
原子半径 19
原子番号 2, 3
原子燃料 132
原子力発電 130
元素 2
　──の電子配置(表) 11

コア軌道 9
合金 76
光合成 133
光子 125
格子点 73
格子面 74
構成原理 10
構造式 50
光速 125
光電効果 128
光電子 128
光電子分光 128
誤差 24
固体の性質 71

固溶体 76
コレステリック結晶 80
コロイド 81
混成軌道 14

さ 行

最密充塡構造 74
サーモトロピック結晶 79
酸 41, 88
　──と塩基の強さ 90
酸解離定数 93
酸化剤(表) 99
酸化数 17
酸化(反応) 97, 100
三重項状態 128
三重点 63

紫外線 125, 126
式量 5
磁気量子数 6
σ 結合 15
指示薬 95
指数表記形 24
示性式 50
実在気体 69
失透 75
質量欠損 131
質量作用の法則 120
質量数 3, 130
質量パーセント濃度 32
質量モル濃度 35
自発過程 118
シャルルの法則 65
自由エネルギー 120
周期表 21
重水 3
自由電子 16
主量子数 6
ジュール(J) 28, 112
昇華 61
蒸気圧 70
蒸気圧降下 77
晶系 74
状態図 62
状態方程式(気体の) 66
状態方程式(ファンデルワールスの) 70
蒸発 61
触媒 124
伸縮振動 129

親水コロイド 81
浸透 78
浸透圧 79
振動エネルギー 108
振動数 125
侵入型固溶体 76

水素イオン濃度 34, 91
水素結合 19
水素電極 103
スピン量子数 7
スメクチック結晶 79

正触媒 124
生成熱 113
赤外スペクトル 129
赤外線 125
絶対エントロピー 119
全圧 68
遷移 127
遷移元素 23
遷移状態 121

双極子モーメント 18, 76
総熱量不変の法則 114
素過程 115
束一的性質 66
速度定数 116
疎水コロイド 81
ソルベー法 46

た 行

体心立方格子 73
体積パーセント濃度 36
太陽エネルギー 133
太陽電池 134
多結晶 71
多結晶シリコン 135
多原子イオン 40
ダニエル電池 102
単位格子 73
単結晶 71
単原子陰イオンの名前(表) 39

置換型固溶体 76
置換反応 53
窒素工業 43
地熱エネルギー 136
中性子 1
中和反応 91

超ウラン元素 23
超臨界状態 63
チンダル現象 82

d軌道 8
デバイ(D) 18
電気陰性度(表) 16
電気泳動 81
電気分解 104
典型元素 21
電子 1
電子雲 108
電子親和力 20
電磁波 124
電子ボルト 128
展性 20
伝導電子 16

同位体 3, 130

な行

内部エネルギー 109
鉛蓄電池 104
難溶性塩 87

ニュートリノ 2

熱力学第一法則 109
熱力学第二法則 118
熱力学第三法則 119
ネマチック結晶 79
燃焼 109
燃焼熱 113
粘度 70
燃料電池 135

は行

配位結合 17
π結合 15
π電子 126
パウリの排他原理 9
波数 129
パスカル(Pa) 110
波長 125
発色団 126
発熱反応 111
波動関数 6
波動方程式(シュレディンガーの) 6
ハドロン 1

花火 128
ハーバー法 43
ハロゲン誘導体 53
半減期 117
半導体 72, 135
半透膜 79
反応機構 115
反応座標 111
反応速度 116
反応熱 111
半反応 100

pH 34, 92
p軌道 8
非共有電子対 14, 127
非極性分子 18
非金属 20
比重 27
比熱容量 29
ppm 32
標準緩衝溶液(表) 96
標準状態(気体の) 110
標準状態(熱化学の) 111
標準電極電位(表) 103
表面張力 71

ファラデーの法則 105
ファンデルワールス定数(表) 70
ファントホッフの法則 79
風力エネルギー 136
不可逆反応 119
不確定性原理(ハイゼンベルグの) 7
付加反応 53
不均一触媒 124
複屈折性 79
負触媒 124
物質の三態 61
物質量 29
沸点上昇 77
物理量 25
ブラウン運動 82
プラズマ 64
プランク定数 125
プルサーマル 132
プルトニウム 132
ブレンステッド酸 88
分圧の法則 67, 68
分散コロイド 81
分子 5

───のエネルギー 107
分子運動 61
分子結晶 72
分子コロイド 81
分子衝突 116
分子性化合物(表) 42
分子量 5
フントの規則 10

閉殻 13
平衡 70, 119
平衡定数 85, 120
平衡点 120
並進エネルギー 108
ヘキスト-ワッカー法 57
ヘスの法則 114
ベータ粒子 130
ヘルツ(Hz) 125
変角振動 129

ボイル-シャルルの法則 65
ボイルの法則 65
方位量子数 6
芳香族炭化水素 52
放射性同位体 4
放射線化学 130
放射能 130
ボーキサイト 48
保護コロイド 82
ボルタ電池 102
ボルツマン定数 130

ま行

マイクロ波 125

水のイオン積 92
密度 27

無輻射過程 127

メタロイド 20
メタンの構造(図) 14
面心立方格子 73

MOX 132
モル 29
モル質量 31
モル濃度 33, 116
モル分率 35

や行

融解　61
有効数字　24

陽イオン　2
溶液　76
溶解度　87
溶解度積　87
陽極　105
溶鉱炉　47
陽子　1
溶質　76
溶媒　76

溶媒和　76

ら行

ラウールの法則　77
ラジオ波　125

リオトロピック結晶　79
理想気体　68
律速段階　115
粒界　72
量子化　108
量子力学　6
臨界点　63
リン光　127

リン工業　45

ルイス記号　13
ルイス構造　13
ルイス酸　89
ルシフェリン　128
ル・シャトリエの原理　86

励起状態　127

六方最密格子　73

わ行

ワット　136

ニューテック・化学シリーズ
化 学 の 扉
定価はカバーに表示

2000年4月1日　初版第1刷
2020年3月25日　　第16刷

著　者　丸　山　一　典
　　　　西　野　純　一
　　　　天　野　　　力
　　　　松　原　　　浩
　　　　山　田　明　文
　　　　小　林　高　臣
発行者　朝　倉　誠　造
発行所　株式会社　朝倉書店
　　　　東京都新宿区新小川町6-29
　　　　郵便番号　　　162-8707
　　　　電　話　03(3260)0141
　　　　FAX　03(3260)0180
　　　　http://www.asakura.co.jp

〈検印省略〉

© 2000〈無断複写・転載を禁ず〉　　　中央印刷・渡辺製本

ISBN 978-4-254-14611-0　C 3343　　　Printed in Japan

JCOPY　〈出版者著作権管理機構　委託出版物〉
本書の無断複写は著作権法上での例外を除き禁じられています．複写される場合は，そのつど事前に，出版者著作権管理機構（電話 03-5244-5088, FAX 03-5244-5089, e-mail: info@jcopy.or.jp）の許諾を得てください．

好評の事典・辞典・ハンドブック

物理データ事典 　日本物理学会 編　B5判 600頁

現代物理学ハンドブック 　鈴木増雄ほか 訳　A5判 448頁

物理学大事典 　鈴木増雄ほか 編　B5判 896頁

統計物理学ハンドブック 　鈴木増雄ほか 訳　A5判 608頁

素粒子物理学ハンドブック 　山田作衛ほか 編　A5判 688頁

超伝導ハンドブック 　福山秀敏ほか編　A5判 328頁

化学測定の事典 　梅澤喜夫 編　A5判 352頁

炭素の事典 　伊与田正彦ほか 編　A5判 660頁

元素大百科事典 　渡辺 正 監訳　B5判 712頁

ガラスの百科事典 　作花済夫ほか 編　A5判 696頁

セラミックスの事典 　山村 博ほか 監修　A5判 496頁

高分子分析ハンドブック 　高分子分析研究懇談会 編　B5判 1268頁

エネルギーの事典 　日本エネルギー学会 編　B5判 768頁

モータの事典 　曽根 悟ほか 編　B5判 520頁

電子物性・材料の事典 　森泉豊栄ほか 編　A5判 696頁

電子材料ハンドブック 　木村忠正ほか 編　B5判 1012頁

計算力学ハンドブック 　矢川元基ほか 編　B5判 680頁

コンクリート工学ハンドブック 　小柳 治ほか 編　B5判 1536頁

測量工学ハンドブック 　村井俊治 編　B5判 544頁

建築設備ハンドブック 　紀谷文樹ほか 編　B5判 948頁

建築大百科事典 　長澤 泰ほか 編　B5判 720頁

価格・概要等は小社ホームページをご覧ください．

元素の名称

原子番号	元素記号	元素名		原子番号	元素記号	元素名	
1	H	水素	Hydrogen	61	Pm	プロメチウム	Promethium
2	He	ヘリウム	Helium	62	Sm	サマリウム	Samarium
3	Li	リチウム	Lithium	63	Eu	ユウロピウム	Europium
4	Be	ベリリウム	Beryllium	64	Gd	ガドリニウム	Gadolinium
5	B	ホウ素	Boron	65	Tb	テルビウム	Terbium
6	C	炭素	Carbon	66	Dy	ジスプロシウム	Dysprosium
7	N	窒素	Nitrogen	67	Ho	ホルミウム	Holmium
8	O	酸素	Oxygen	68	Er	エルビウム	Erbium
9	F	フッ素	Fluorine	69	Tm	ツリウム	Thulium
10	Ne	ネオン	Neon	70	Yb	イッテルビウム	Ytterbium
11	Na	ナトリウム	Sodium	71	Lu	ルテチウム	Lutetium
12	Mg	マグネシウム	Magnesium	72	Hf	ハフニウム	Hafnium
13	Al	アルミニウム	Aluminium	73	Ta	タンタル	Tantalum
14	Si	ケイ素	Silicon	74	W	タングステン	Wolfram (Tungsten)
15	P	リン	Phosphorus	75	Re	レニウム	Rhenium
16	S	硫黄	Sulfur	76	Os	オスミウム	Osmium
17	Cl	塩素	Chlorine	77	Ir	イリジウム	Iridium
18	Ar	アルゴン	Argon	78	Pt	白金	Platinum
19	K	カリウム	Potassium	79	Au	金	Gold
20	Ca	カルシウム	Calcium	80	Hg	水銀	Mercury
21	Sc	スカンジウム	Scandium	81	Tl	タリウム	Thallium
22	Ti	チタン	Titanium	82	Pb	鉛	Lead
23	V	バナジウム	Vanadium	83	Bi	ビスマス（蒼鉛）	Bismuth
24	Cr	クロム	Chromium	84	Po	ポロニウム	Polonium
25	Mn	マンガン	Manganese	85	At	アスタチン	Astatine
26	Fe	鉄	Iron	86	Rn	ラドン	Radon
27	Co	コバルト	Cobalt	87	Fr	フランシウム	Francium
28	Ni	ニッケル	Nickel	88	Ra	ラジウム	Radium
29	Cu	銅	Copper	89	Ac	アクチニウム	Actinium
30	Zn	亜鉛	Zinc	90	Th	トリウム	Thorium
31	Ga	ガリウム	Gallium	91	Pa	プロトアクチニウム	Protactinium
32	Ge	ゲルマニウム	Germanium	92	U	ウラン	Uranium
33	As	ヒ素	Arsenic	93	Np	ネプツニウム	Neptunium
34	Se	セレン	Selenium	94	Pu	プルトニウム	Plutonium
35	Br	臭素	Bromine	95	Am	アメリシウム	Americium
36	Kr	クリプトン	Krypton	96	Cm	キュリウム	Curium
37	Rb	ルビジウム	Rubidium	97	Bk	バークリウム	Berkelium
38	Sr	ストロンチウム	Strontium	98	Cf	カリフォルニウム	Californium
39	Y	イットリウム	Yttrium	99	Es	アインスタイニウム	Einsteinium
40	Zr	ジルコニウム	Zirconium	100	Fm	フェルミウム	Fermium
41	Nb	ニオブ	Niobium	101	Md	メンデレビウム	Mendelevium
42	Mo	モリブデン	Molybdenum	102	No	ノーベリウム	Nobelium
43	Tc	テクネチウム	Technetium	103	Lr	ローレンシウム	Lawrencium
44	Ru	ルテニウム	Ruthenium	104	Rf	ラザホージウム	Rutherfordium
45	Rh	ロジウム	Rhodium	105	Db	ドブニウム	Dubnium
46	Pd	パラジウム	Palladium	106	Sg	シーボーギウム	Seaborgium
47	Ag	銀	Silver	107	Bh	ボーリウム	Bohrium
48	Cd	カドミウム	Cadmium	108	Hs	ハッシウム	Hassium
49	In	インジウム	Indium	109	Mt	マイトネリウム	Meitnerium
50	Sn	スズ（錫）	Tin	110	Uun	ウンウンニリウム	Ununnilium
51	Sb	アンチモン	Antimony	111	Uuu	ウンウンウニウム	Unununium
52	Te	テルル	Tellurium	112	Uub	ウンウンビウム	Ununbium
53	I	ヨウ素	Iodine	114	Uuq	ウンウンクアジウム	Ununquadium
54	Xe	キセノン	Xenon	116	Uuh	ウンウンヘキシウム	Ununhexium
55	Cs	セシウム	Caesium	118	Uuo	ウンウンオクチウム	Ununoctium
56	Ba	バリウム	Barium				
57	La	ランタン	Lanthanum				
58	Ce	セリウム	Cerium				
59	Pr	プラセオジム	Praseodymium				
60	Nd	ネオジム	Neodymium				

日本語の元素名との違いで英語名を間違いやすい元素

Na：和名はドイツ語の Natrium から付いているが，英語では sodium.
K ：和名はドイツ語の Karium から付いているが，英語では potassium.
Xe：ドイツ語の Xenon の発音がなまって，キセノンと和名は付いているが，英語では [zénɑn, zíːnɑn].
Cu：記号につられて cupper と書いてしまいたくなるが，英語では copper.
Pb：英語では lead. 発音注意，リードではなく [léd].
Ti：英語では titanium. 発音注意，チタニウムでもチタンでもない [taitéiniəm].
U ：英語では uranium. 発音注意，ウラニウムでもウランでもない [juəréiniəm].